中老年

防病

饮食

宝典

孙晶丹 主编

江西科学技术出版社

图书在版编目（CIP）数据

中老年防病饮食宝典 / 孙晶丹主编 . -- 南昌：江
西科学技术出版社，2017.10
　（饮食宝典）
　ISBN 978-7-5390-5667-8

Ⅰ . ①中… Ⅱ . ①孙… Ⅲ . ①中年人－保健－食谱②
老年人－保健－食谱 Ⅳ . ① TS972.163

中国版本图书馆 CIP 数据核字（2017）第 217985 号

选题序号：ZK2017221
图书代码：D17062-101
责任编辑：张旭　王凯勋

中老年防病饮食宝典

ZHONGLAONIAN FANGBING YINSHI BAODIAN

孙晶丹　主编

摄影摄像	深圳市金版文化发展股份有限公司
选题策划	深圳市金版文化发展股份有限公司
封面设计	深圳市金版文化发展股份有限公司
出　版	江西科学技术出版社
社　址	南昌市蓼洲街 2 号附 1 号
	邮编：330009　电话：（0791）86623491　86639342（传真）
发　行	全国新华书店
印　刷	深圳市雅佳图印刷有限公司
尺　寸	173mm×243mm　1/16
字　数	200 千字
印　张	15
版　次	2017 年 10 月第 1 版　2018 年 7 月第 2 次印刷
书　号	ISBN 978-7-5390-5667-8
定　价	39.80 元

赣版权登字：-03-2017-312

　　曾几何时，人们的生活条件越来越好，身体状况却越来越差。尤其是步入中老年，身体素质每况愈下，高血压、糖尿病、冠心病、骨质疏松、便秘、失眠、脱发等各种"现代文明病"悄悄缠身，不仅影响了人们的身心健康，降低了人们的生活品质，严重者甚至威胁到生命的安全。不时有人感叹："难道真的是老了吗？"

　　其实您大可不必悲观，生命走向衰老的过程虽无可逆转，然而健康之道却有法可循。通过合理的调养，人人都能拥有一副强健的体魄，远离疾病侵袭。《黄帝内经》记载的上古养生之法——"食饮有节"，就指出了食物对于养生的意义。每个人一生中都要吃掉大量的食物，据统计，一个正常人在60年间新陈代谢的物质大约相当于成年时自身标准体重的1000倍，可以说，饮食参与了生命发展的全部过程。吃对食物、合理膳食不仅有助于中老年人强身健体、抵御疾病，还能延缓衰老，提高生命质量，从而让中老年人的生命之树长青不败。

　　本书着眼于中老年人的饮食健康，讲解饮食与疾病、衰老的关系，揭示不同食物的营养密码，教您学会利用食物的营养价值，增强体质，抗病防衰，给健康加把安全"锁"。

同时，我们还顺应四季节气的变化，为您阐述天人合一的养生之道，全面指出不同季节的养生饮食原则、食补建议、日常保健要点，帮助您养成健康的饮食习惯，让您一点一滴收获健康。在此基础上，针对中老年人常见病在不同季节的发病特点，提出相应的饮食防护要点，您只需拿起手机，轻轻一"扫"，详尽的步骤图解、科学的制作要点就能一目了然，让您游刃有余地掌握相应做法，制作出既美味可口又功效显著的营养美食，让您在大快朵颐的同时，也能轻轻松松收获健康。

步入中老年，没有什么比健康更值得珍惜。从现在开始，认真地生活，用心吃好每一餐，给自己的身体多一份关怀，多一点耐心，不要让健康随时间的步伐而逐渐远去，而应让自己越活越精神，即便是在光阴的侵蚀下，也能从容生活，闲庭漫步，笑着过好每一天。

Part ❶ "营"得精彩
——中老年人饮食营养与疾病防治

Part ❷ 唤醒一年的健康活力
——中老年人春季养生与防病饮食

Part ③ 提升身体自愈力
——中老年人夏季养生与防病食谱

Part ❹ 安度 "多事之秋"
——中老年人秋季养生与防病饮食

Part ⑤ 蓄存健康正能量
——中老年人冬季养生与防病饮食

"营"得精彩
——中老年人饮食营养与疾病防治

　　步入中老年，有些人精气神十足，有些人却总被疾病困扰，这是身体在向我们发出的健康信号。您了解自己的身体吗？您知道食物中的哪些营养素对身体有好处吗？饮食搭配怎样更合理？诸如此类问题，在本章我们将一一为您解答。

中老年人饮食与疾病、衰老有什么关系?

　　人过40岁，随着身体器官的退化，生理上便会开始衰老，体力和精力都会逐渐下降。尽管衰老是一条无法逆向行驶的单行道，但我们可以选择减速慢行，通过合理的饮食、生活习惯，达到预防疾病，延缓衰老，提高生活质量的目的!

　　一般认为，人在45~65岁为初老期，65岁以后为老年期。中老年人的生理特点主要就是衰老或老化，具体表现为内脏器官与组织的萎缩，细胞数量的减少与再生能力的下降，免疫功能下降，消化吸收、代谢循环以及排泄等多种生理功能出现障碍等。

　　衰老是一种自然现象，是一个漫长而又不可逆的生物退化过程。衰老并非由单一因素引起，而是多种因素综合作用的结果。遗传因子、个人的饮食与生活方式、社会环境、精神因素、自然因素、疾病等都会影响到这一进程，从而影响到人的健康与寿命。这其中，饮食起着最为直接的作用。

　　有人曾做过粗略统计，人一生的饮食总量约60吨，如此大量的食物足以影响到人的健康状态。然而，虽然我们每天都在进食，但真正能做到合理膳食的人却少之又少。为何人们越来越关注健康，健康却离我们越来越远呢?

　　答案还是在我们的日常饮食中。所谓"病从口入"，同样，健康也是吃出来的，只有把好"入口关"才能真正得到健康。

　　然而，由饮食营养问题带来的疾病与健康问题，并非都源自营养缺乏，而主要是因为人们所具备的营养知识不足。这样的情况在中老年人中表现得更为显著。这与中老年人的饮食习惯和营养观念，以及因年龄增长引起的器官功能衰退、疾病困扰以及生理心理适应能力的改变等因素有关。如何改变这一现状，提升中老年人的生活品质，是我们亟须解决的问题。

影响中老年人健康的关键营养素

步入中年后，人体的新陈代谢会逐渐减弱。有数据表明，60岁时人的基础代谢比20岁时减少16%，70岁时减少25%。所以，中老年人对营养物质有一些特殊的要求，这些特殊要求需要他们对自己的饮食结构进行调整。

◎ 碳水化合物——中老年人的能量库

碳水化合物又名糖类，被称为生命的燃料。人体所需的60%以上的能量由碳水化合物供给。碳水化合物是人体维持正常生理活动、生长发育和体力活动时的主要能量来源，是神经系统及肌肉活动的燃料，也是构成细胞和组织的重要成分，具有参与某些营养素的代谢、维持脑细胞正常功能、节约体内蛋白质消耗、保肝解毒等功能。

碳水化合物主要来源于我们平时吃的主食（如大米、小米、小麦等）以及蔬菜和水果（如胡萝卜、土豆、香蕉等）。中老年人的饮食中每天都要摄取足量的碳水化合物。

但是，由于中老年人体内胰岛素对血糖的调节功能逐渐降低，摄取过多的碳水化合物容易引起血糖升高、血脂增加。因此，专家建议中老年人每日可通过食用150～250克主食获取碳水化合物，并根据具体情况作适当增减。比如身体健康、体力活动较大的人群可适当增加摄取量，而糖尿病患者则要适当减少。

◎ 蛋白质——中老年人的健康守护神

蛋白质是生命的物质基础，是机体细胞的重要组成部分。人体的每个组织和细胞，比如皮肤、毛发、肌肉、骨骼、内脏、大脑、神经、血液、内分泌等都由蛋白质组成；人体的生长、发育、运动、遗传、繁殖等一切生命活动都离不开蛋白质。随着年龄的增长，人体内蛋白质的分解代谢会逐步增加，合成代谢会逐步减少，所以老年人要适当多吃一些富含蛋白质的食物，以维持机体正常代谢，增强机体抗病能力。

在70岁之前，中老年人每天的蛋白质摄取量一般为每千克体重1克蛋白质；70岁以后则需要适量减少。因为蛋白质代谢后会产生一些有害物质，中老年人的肝、肾功能已经减弱，代谢这些有害物质的能力较差，如果摄取过量的蛋白质，其代谢后的有害产物不能及时排出，反而会影响身体健康。

日常饮食中可适当增加肉类、禽类、蛋类、鱼类、奶类及奶制品、豆类及豆制品、坚果类的摄入。它们所含有的氨基酸比例与人体蛋白质组成相似，容易被机体消化吸收，是人体良好的蛋白质食物来源。

◎ 脂类——中老年人的能量加油站

脂类是脂肪和类脂的总称。脂类是构成人体组织的重要营养物质，在大脑活动中起着不可替代的作用。脂类具有为人体储存并供给能量，调节体温，保护内脏，协助脂溶性维生素的吸收，构成生物膜以及参与生物信号传递等生理功能。

中老年人身体内部的消化、新陈代谢都要有能量的供给才能得以完成。这个能量的供应者就是脂类。富含脂类的食物有各种动植物油脂、肉类、蛋类、动物内脏、水产海鲜、坚果类等。

需要特别指出的是，饮食中过量摄入饱和脂肪酸、胆固醇，则容易造成心、脑、肾血管的硬化，进而导致高血压、高血脂、冠心病、脑卒中等多种疾病的发生。因此，中老年人在饮食中要注意多选择含不饱和脂肪酸较多的植物油脂、深海鱼，减少动物内脏、动物皮、动物油、蛋黄等食物的摄取。由于脂肪可以被人体储存，所以中老年人不需要刻意增加摄入量，每日补充20克左右即可。

◎ 维生素——中老年人维持生命的元素

维生素是维护人体健康、促进生长发育和调节生理功能所必需的一类有机化合物。维生素虽然不参与构成组织，也不供给热能，但能帮助机体吸收大量能源，是构成基本物质的原料，可起到类似酶和激素的作用。

中老年人对各种维生素的需求量有所减少，但是由于吸收不良或排泄增加等原因，中老年人往往会发生维生素缺乏的现象，这时就需要及时进行补充。中老年人较为容易缺乏的维生素有维生素A、B族维生素、维生素C、维生素E。这些维生素主要存在于各种绿色或黄色蔬菜、新鲜水果、粗杂粮及植物油中。

中老年人多有维生素D缺乏的现象，易使钙质的吸收减少，所以50岁以上的人往往有骨质疏松症，尤其女性较多见。这种情况下，除了要补充钙质外，还应多晒太阳，以增加体内的维生素D。

除了饮食外，中老年人需额外补充某些维生素时，选择复合维生素补充剂是较为安全的强化营养方法。有些中老年人需要长期服药，可以在医生的指导下选用维生素补充剂。总体而言，中老年人摄取维生素的原则是饮食平衡补充，药物适当辅助，用量切勿过度。

◎ 矿物质——中老年人新陈代谢的"螺丝钉"

矿物质在人体内含量很少，但不可缺少，它参与人体组织构成和功能完成，是人体生命活动的物质基础。老年人饮食中需要保证钙、铁、锌、铬、碘等矿物质的含量。

人到中年后，胃酸分泌少，常会影响到铁和钙的吸收，造成贫血、骨质疏松等现象，平时可多吃豆类及豆制品、奶类及奶制品等。

铬有降低血胆固醇，升高高密度脂蛋白，防止动脉粥样硬化的作用。中老年人补铬，可

适当增加饮食中粗粮、蘑菇、牛肉、鸡蛋、花生、牛奶等食物的摄入量。

缺锌可导致中老年人味觉失灵、食欲降低，增加慢性肾炎、关节炎、心肌梗死等疾病的发病率，膳食中要注意多摄入粗杂粮、瘦肉类、鱼类、豆类等含锌丰富的食物。

硒与心肌代谢有关，缺硒会引起心肌损害，并增加某些肿瘤的发病概率。中老年人对硒的补给不容忽视，饮食中可多吃瘦肉类、豆类食品。

◎ 水——中老年人健康长寿的根本

水是生命之源，人体2/3以上都是水分。水可使中老年人的胃肠道保持清洁，改善内脏各器官的血液循环，还有助于肝、肾的代谢，促进体内废物的排出，提高机体防病抗病能力，减少某些疾病的发生，延缓中老年人衰老的进程。

很多中老年人都会忽略主动喝水的问题，这与中老年人随着年龄的增长，对口渴的感觉愈发迟钝有一定的关系。然而，因此而导致的健康问题层出不穷，肝肾功能逐渐减弱，便秘等肠道问题恶化，尿路感染、肺炎、咽喉炎、感冒等反复发作、难以痊愈……所以，中老年人必须重视饮水的问题。

科学的喝水方法，就是饮用干净的水，白开水是较好的选择。一般来说，成年人不管年龄大小，每天都需要饮用2000毫升左右的水，并注意少量多次。膳食安排上应适当增加一些汤、羹类食物。饮水以30℃左右的温开水为宜，这样既不会过于刺激肠胃道的蠕动，也不易造成血管收缩。

◎ 膳食纤维——中老年人体内的"清道夫"

膳食纤维虽然是一种不易被人体消化的食物营养素，但却是健康饮食中不可缺少的成分，在保持消化系统的健康上扮演着重要的角色，是中老年人体内的"清道夫"。

危害中老年人健康的心脑血管疾病、恶性肿瘤、老年性便秘、糖尿病等，很多都与饮食中缺乏膳食纤维有关。因此，中老年人的饮食中不可忽视膳食纤维的摄入。每日摄入量以16～24克为宜。日常饮食中可增加糙米、玉米、小米、大麦等粗杂粮，胡萝卜、红薯、菠菜、上海青、香菇、海带等蔬菜的摄入。

中老年人如何利用日常饮食防病？

　　安身之本必资于食。科学合理的饮食是中老年人强身健体，防治各种慢性疾病，延缓衰老的一大法宝。合理饮食不仅仅是要注重营养与养生，更重要的是膳食结构的平衡，营养素摄入的平衡，以及饮食方法的合理性。

◎ 中老年人膳食金字塔

　　中国居民膳食金字塔是国家发布的，用来指导我国居民饮食的营养指南，是符合国民营养需求的平衡膳食模式。

中国居民膳食金字塔

　　膳食金字塔建议的每人每日各类食物的适宜摄取量范围适用于一般健康成年人，具体应用时还需要根据自身的能量需求进行合理选择。中老年人的生活环境和生理特征有一定的特殊性，其膳食金字塔也有一些新标准。

　　中老年人膳食金字塔要在均衡摄入多种食物的基础上，增加水、蔬菜的食用量，削弱动物类食品、油脂和盐的分量。具体而言：①饮食多样化；②主食中包括一定量的粗杂粮，如玉米、小米、荞麦、燕麦等；③多吃蔬菜、水果；④多饮水，每天饮用牛奶或奶制品；⑤多吃豆类及豆制品；⑥适量食用禽肉类和鱼类；⑦饮食宜清淡，少油、少盐。

◎ 中老年人饮食三字经：碎、素、水

我们已经知道合理饮食对中老年人健康的重要性，那么，如何才能保证中老年人的营养摄入充足与适当呢？简单而言，可从碎、素、水3个字做起。

食物宜碎

随着年龄的增长，很多中老年人牙齿常有松动和脱落的现象，咀嚼能力变弱，消化液和消化酶的分泌量减少，胃肠消化功能降低，因此，饭菜宜以碎为好。

体现在具体烹调中，可将食物剁碎后食用。比如，鱼和肉宜去骨、剔刺，切成肉糜或肉粒，加入蔬菜或粥中食用，也可以揉成肉丸或鱼丸食用；蔬菜宜切短、切细后再食用。还可以使用家庭搅拌机，将各种固体食物按要求配好，搅拌打碎后再烹调食用。

饮食宜素

中老年人的饮食宜素，多吃蔬菜水果。新鲜的蔬果中含有丰富的维生素、矿物质和膳食纤维，对维持体内酸碱平衡，保护心血管，防癌，防便秘均有重要作用。

但是，这也不是说要完全食素。营养学专家认为，中老年人一味食素会降低体质，疾病反而更容易侵袭人体。正确的食法是：以蔬菜等植物性食物为主，注意粮豆混搭、米面混食，并适当辅以包括肉类在内的各种动物性食品。

饮水宜当

对于中老年人而言，饮水不仅要足够，而且还有一些特别需要注意的地方。中老年人应特别注意在临睡前、半夜如厕后、早晨起床后这3个时间段补充水分。

首先，中老年朋友大都会有一点血脂浓度偏高，睡前饮用少量水，可以避免因血液、血脂浓度过高而导致血栓的形成；其次，中老年人多夜尿频繁，易使血液输送速度减慢，发生缺血中风，因此在半夜如厕后也应补充少量水分；最后，经过一夜的睡眠，人体内处于相对缺水状态，可导致血脂浓度上升，代谢物积存，早起适当饮水可缓解这些症状，预防心脑血管疾病的发生。

当然，饮水也不是越多越好。对于一些特殊人群，喝水量反而必须适当控制。比如有心、肾功能衰竭的中老年病人，就不宜喝水过多，以免加重心肾负担，导致病情加剧。这些人群的饮水量应视病情听取医生的具体建议。

◎ 中老年人饮食"混搭"需合理

为了获得食物的营养和促进健康，食物搭配是特别重要的一环。这就要求我们必须注重饮食营养搭配的合理性，避免偏食或单一饮食，中老年人更应如此。

【荤素搭配——营养更均衡】现代营养学提倡饮食多样化，即每一样食物都要吃，同时，每一样食物的摄入都要适量、均衡。在菜肴配伍的基础上，应注意荤素结合。

荤食（鱼、肉、禽、蛋等动物性食物）能提供人体所需的热量，但荤食过量会损害人体健康，中老年人常见的高血压、糖尿病、冠心病、肥胖等，都与高脂肪的饮食习惯有关。而素食（豆类、蔬果类等植物性食物）中不仅含有丰富的维生素和矿物质，而且能够疏通肠胃，促进消化，预防多种疾病的发生。但中老年人一味食素也不利于健康。因此，中老年人的饮食主张荤素搭配着吃，而且，最好蔬菜的总量超过荤菜的1倍或1倍以上。这样不仅可以提高食品的营养价值，而且也比较符合中老年人的饮食特点和营养需求。

【粗细搭配——吃"粗"健康】中老年人饮食不宜过于精细，应强调粗细搭配。长期偏食精米、精面，不仅会导致B族维生素缺乏，还会使胃体缩小，消化功能减弱；而很多粗杂粮，比如燕麦、玉米以及稻麦的麸皮，其中含有丰富的膳食纤维、B族维生素和矿物质，对促进消化、预防便秘、降低人体胆固醇、防治疾病等均有较好的功效。但粗粮口感较差，老年人咀嚼和消化能力都较弱，摄入太多还会阻碍人体对蛋白质、铁、锌、钙等营养素的吸收，因此，不宜单一摄入。

中老年人的饮食应采取粗细搭配的原则，互相弥补不足，提升营养价值。在具体做法上也要有所注意，如玉米，最好做成玉米

粥，这样更方便中老年人消化。

【五色搭配——食出健康好气色】所谓
"五色"，即指食物的黄、红、白、绿、黑5
种颜色。不同颜色的食物，其养生保健功效
是不同的。黄色食物多有健脾开胃、促进消
化的作用，如小米、黄豆、胡萝卜等；绿色
食物可起到清肝排毒、清热降脂等作用，如
上海青、菠菜、青豆等；红色食物常有补血
养心、促进血液循环的作用，如西红柿、山
楂、草莓等；白色食物，如鱼肉、银耳、百
合等，能起到润肺止咳、美容护肤的作用；
黑色食品多有补肾养血、抗衰老的作用，如
黑米、黑豆、黑木耳、黑芝麻等。

中老年人饮食可以根据食物的颜色和功
效进行混合搭配，以达到增进食欲、均衡营
养、调理气血、补养五脏的目的。例如，将山药和小米煲粥可起到健脾养胃、润肺化痰、美
容养颜等功效。

【干稀搭配——有点嚼头更养生】所谓干，指米饭、馒头、花卷、面包等；所谓稀，指
粥、糊、汤、奶、豆浆等。中老年人每餐饮食中应该有干有稀，干稀搭配。例如，把米熬成
粥或稀饭，配着馒头、炒菜一起吃，或者吃饭前先喝碗汤，这样既利于食物的消化吸收，又
能帮助身体补充足够的水分，搭配适宜还会有一定的营养保健作用。比如米饭配鱼汤，可以
吸收丰富的不饱和脂肪酸；菜粥里加入一些牛肉粒，不仅可以提供丰富的糖类、维生素、矿
物质，还可以补充足量的蛋白质，营养更均衡。

中老年人的消化功能低下、咀嚼能力降低，多吃些"稀"的食物有助于营养的消化和吸
收，但若时常配些"干"物一起嚼嚼，反而能使食物得到充分的咀嚼，对预防牙齿老化和维
护身体健康都非常有益。

【调和五味——保养五脏】所谓"五味"，即指饮食所含的酸、苦、甘、辛、咸5种味
道。酸味入肝，多有生津养阴、收敛固涩、帮助消化的作用，如醋、柠檬、山楂等。苦味入
心，有清热解毒、润燥清心、降糖消脂的作用，如苦瓜、莲子心等。甘味入脾，常有健脾益
气、补虚养血、强身壮体的功效，如大米、玉米、南瓜等。而辛味对应人体的肺，常食姜、
蒜、葱等辛味食物可起到行气活血、祛湿杀菌的作用。咸味入肾，多有利水消肿、软坚散
结、补肾的作用，如海带、紫菜等。

如同中药一样，食物只有做到五味适度，才能保证五脏之气的平衡及身体的健康。因此，中老年人在饮食中一定要注意五味调和，酸、苦、甘、辛、咸，每"味"都要适度摄入，切忌口味单一或过偏。

◎ 中老年人需合理安排一日三餐

一日三餐合理分配，可保证中老年人摄入充足且均衡的营养，是身体健康的基本保障。根据中老年人的营养需求和饮食特征，每天三餐不仅要定时，且要控制量。

三餐的间隔时间一般是5~6小时。中老年人每日三餐的主食量应控制在250~300克，蔬菜400~800克，豆类100克，水果1~2个，鸡蛋1个，牛奶或酸奶250~500毫升。根据"早餐要吃好，午餐要吃饱，晚餐要吃少"的原则，可以将早餐和午餐安排地丰富些，并注意食物搭配的多样性。

具体而言，中老年人早餐的最佳时间在7:00~8:00。饮食宜软，可选用馒头、花卷或面包搭配牛奶、豆浆、鸡蛋或自制蔬果汁等。中老年人早餐不宜过饱，忌吃油腻、煎炸、干硬以及刺激性的食物，以免导致消化不良。午餐内容宜好、饱，保证饮食中有足量的主食，适量肉类、油脂和蔬菜。可多吃鱼肉、豆腐等蛋白质食物，以及西蓝花、白菜、胡萝卜等富含维生素和膳食纤维的蔬菜。中老年人的晚餐宜少吃，且至少要在睡前2小时进餐。饮食内容以清淡、容易消化为原则。主食可以选择粥、面条等，另外，搭配适量的蔬菜和肉类也是很有必要的。

由于中老年人身体各器官的功能均有不同程度的衰退，消化吸收功能也明显降低，因此，可在保持总热量摄入量不变的情况下，在三餐的中间时段中加入1~2个餐次。加餐内容以容易消化的食物为主，如新鲜水果、酸奶等。

◎ 中老年人饮食宜清淡、有节制

中老年人饮食主张清淡、有节制，不宜过咸、过腻、过多，在饮食结构及方式上要遵循"五低""七分饱"的原则。

所谓"五低"，即饮食要低盐、低糖、低脂肪、低胆固醇、低刺激性。每天食盐摄入量控制在5克以内；少吃不含基本营养素的

游离糖，如白糖、蜂蜜等；脂肪摄取总量不超过膳食总热量的15%～30%，食用油尽量以植物油为主；胆固醇的摄取量每天不超过300克，动物内脏、动物脑等胆固醇含量高的食物最好不吃；辛辣食品宜少吃或不吃。尤其是患有肥胖症、高血脂、冠心病和癌症的中老年人群，更要注意饮食中的"五低"。

中老年人的膳食主张每餐七分饱，尤其晚餐更要少吃，以保持机体能量代谢的平衡。无节制饮食容易使人的胃、肠等消化系统时时处于紧张的工作状态，各内脏器官也因超负荷的运转而无法得到休养，长此以往，容易引发胃炎、胃溃疡等胃病。而且，营养过剩还容易引起糖尿病、脂肪肝、肥胖症等"富贵病"的发生。

◎ 中老年人不可忽视的饮食细节

虽然中老年人的健康已经开始走下坡路，许多疾病也渐渐开始崭露头角。不过，如果从现在开始关注自身健康，在饮食方面多注意细节养生，相信健康会长期伴随着您。

【吃饭也要讲先来后到】中老年人由于体质和健康状况的特殊性，在饮食方面除了要有一些特殊的营养要求之外，在进餐顺序方面也应掌握一定的方法。

吃饭前先喝几口汤，可以给消化道加点儿"润滑剂"，为下面的顺利进食做好准备。然后再吃新鲜蔬菜或豆制品，这样可以先摄取一些营养物质，并增加饱腹感，避免吃下过多的主食。接下来，可以吃一些味道稍重的炖菜和炒菜，比如辣椒炒肉、酸菜鱼等，以增进食欲。最后才吃主食。中老年人每餐都应该适当摄入谷类主食，但不宜过多，以免造成消化负担。这样的吃饭顺序不仅可以让老人们吃得多一点儿、香一点儿，还能吃得更健康。

【食物的温度左右中老人的健康】很多人都知道冷食、冷饮不宜吃，因为它们会损害肠胃健康，导致腹痛、腹泻等消化不良症状。殊不知，经常吃"刚出锅"的食物，也会造成口腔黏膜和胃肠的损伤，引起多种消化道疾病。因此，中老年人的饮食宜适温而食，不可寒冷，也不宜过热。

平时最好吃些"不凉也不热"，和体温相近的食物。可以用嘴唇感觉，若有一点点温，且不烫口，就是适宜的。如果实在怕冷，可以适当吃些姜、辣椒等有"助热"作用的食物，这样既不会损伤食管，还有额外的保健功效。日常饮水最好喝温水，水温在15℃～45℃。即使在冬天，喝水水温也不宜超过50℃。

【吃点醋，给健康加把安全"锁"】
中老年人由于消化机能减退，胃酸分泌减少，食欲较差，容易得肠胃病等，如能经常（尤其在夏秋季节）食用一些醋以佐餐，对健康是有益无害的。

醋味酸，可以增进食欲，尤其对患有慢性病的病人和味觉退化的老年人来说，醋可以改变他们食欲不佳的情况。醋还能刺激胃酸分泌，从而达到促进消化的目的。食醋中含有的醋酸成分，可以在一定程度上抑制多种病菌的生长和繁殖，起到预防肠道传染病、延缓老化等作用。炒蔬菜时加些醋，可以起到保护维生素的作用；炖煮鸡肉、猪蹄等食物时加点醋，不仅能使食物快速熟透，还能促进蛋白质的分解，使其更易被人体吸收。

【细嚼慢咽帮助中老年人抗衰老】 俗话说，想要身体壮，饭菜嚼成浆。细嚼慢咽并不只是关系到单纯的口腔问题，它对中老年的健康长寿和疾病的防治都有很大影响。中老年人饮食应细嚼慢咽，这样不仅有助于增进食欲、促进营养的消化和吸收，帮助减轻肠胃负担，减少胃肠疾病的发生；而且也容易产生饱腹感，可防止进食过多，避免肥胖；吃得慢些可使口腔分泌更多的唾液，唾液中含有过氧化酶，可去除食物中的某些致癌物质的致癌毒性，起到防癌抗癌的作用。

除此之外，中老年人进餐时还要专心，不要边看书报或电视边吃饭，或者一边聊天一边吃饭，这样容易忽略对食物的咀嚼，也会阻碍营养物质的摄入。

【老年人还需注意饮食卫生】 常言道，"病从口入"。注重饮食清洁卫生是防止病从口入的一个重要关口。中老年人体质较差，身体抗病能力下降，容易因为细菌的感染而产生疾病，因此，中老年人尤其要注意饮食卫生。

首先，要注意食材的卫生。食材一定要干净，加工食材所用的器皿以及砧板、刀具等用品，也都应保持清洁卫生；其次，食物质量要保证。放置或储存时间过久的食材、隔夜的剩饭剩菜、烟熏食品以及一些加工食品，要少吃或不吃，已变质的食物不要吃；最后，餐后要刷牙、漱口。食后口腔清洁对保持口腔和牙齿的健康有益。

Part 2

唤醒一年的健康活力
——中老年人春季养生与防病饮食

　　一天之计在于晨，一年养生在于春，春季是中老年人增强体质、预防疾病、颐养身心的好时节。通过合理的饮食调养和日常保健方案，可为中老年人奠定全年的健康基石，让中老年人的身体展现出如春天般蓬勃的生机。

中老年人春季养生，温阳养肝

　　"春气之应，养生之道也。"春季阳气生发，也是人体新陈代谢最为旺盛的季节。中老年人应顺应天时的变化，通过饮食调养阳气，达到强身健体、防病的目的。

◎ 中老年人春季养生饮食原则

　　【多食用温阳养肝的食物】"五脏应四时"，自然界的春季与五脏中的肝相对应，春季养好肝，不但能培育肝的生理功能，而且可调节情志、梳理气机。可多吃些温阳的食物。

　　【多摄入优质蛋白质】早春时节，气温仍较低，人体需消耗一定的能量御寒。同时，寒冷天气的刺激可使体内的蛋白质分解加速，导致机体抵抗力降低，体质较弱的老年人受其影响，易发生疾病。因此需补充足够的蛋白质，尤其应增加优质蛋白的摄入，如鸡蛋、鱼类。

　　【多吃新鲜蔬果，远离春季病】春季是多种细菌、病毒等微生物"生发"的时期，病菌侵犯人体，引发疾病。新鲜蔬果中含有丰富的维生素、矿物质等，可增强人的抵抗力，预防多种感染性疾病。如上海青、西红柿、柑橘、猕猴桃等蔬果中富含维生素C，具有抗病毒的作用；富含胡萝卜素的苋菜、胡萝卜等，能保护上呼吸道黏膜及呼吸器官上皮细胞的功能。

　　【宜省酸增甘】春季人体肝气旺，会影响脾胃，妨碍食物的消化吸收。甘味食物能滋补脾胃，顺养肝气。而酸味食物有收敛的作用，饮食过酸则不利于阳气的生发和肝气的疏泄，还会加重肝气偏旺，对脾胃造成更大的伤害。宜食用小米、山药、土豆等。

　　【宜食用祛湿排毒的食物】春天天气潮湿，身体易积聚水分，湿寒郁结，对人体不利。加之，冬季吃了不少脂肪、热量含量高的食物，易使毒素积存于体内。"千金难买春来泄"，中老年人春季可多食用一些祛湿排毒的食物，如绿豆、薏米、苹果等。另外，还应增加饮水量，以促进身体排毒。

◎ 中老年人春季食补秘籍

"春季养生当需食补"，宜选择平补、清补的饮食，且中老年人还需要根据个人体质及病情，选择适当的食补方法，不可盲目进补。

一般而言，以下几类中老年人宜在春季进补：中老年人有早衰现象者；患有各种慢性病而体形消瘦者；腰酸眩晕、脸色萎黄、精神萎靡者；春天受凉后易反复感冒者；在春天有哮喘发作史，而现在未发作者。

【虚寒体质】虚寒体质的中老年人可多食核桃、枸杞等偏温食物。

【湿气较重】湿气较重的中老年人当食化湿食物，如干荷叶、莲子等。

【阴虚内热】阴虚内热的中老年人宜清补。这类中老年人可选用梨、莲藕、荠菜、百合、马蹄等性偏凉的食物，以达到清热去火，改善体质的作用。

【病中或病后恢复期】此时期的中老年人进食应以清淡、味鲜可口、容易消化的食物为主。忌食用甜腻、油炸、生冷及不易消化的食物，以免损伤胃肠功能。

◎ 中老年人春季日常保健

【宜少卧多动】春天人易犯困，有些老年人有睡懒觉的习惯。久卧会造成气血运行不畅，身体亏损虚弱。俗话说，春夏"养阳"，"动则升阳"。中老年人不妨在天气好、阳光足时，多出门活动。可选择散步、太极拳等方式，运动强度以运动后感觉身体舒适为宜，如果感觉气喘或者心脏跳动比较剧烈，就应当停下休息了。

锻炼之余，要做好身体的协调适应工作，每天最好午睡30分钟，以补春困睡眠之不足。

【调适心情】春季是肝阳亢盛之时，情绪易急躁，中老年养生还需积极调节情志。心情舒畅有助于肝之疏泄，心情抑郁则会导致肝气郁滞，神经内分泌系统功能紊乱，引发精神病、消化系统疾病、心脑血管疾病等。中老年人应尽量做到心胸开阔、态度乐观，当遇到情绪异常激动时，力争把注意力转移到其他活动中去，以调适不良情绪。

【预防传染】春天呼吸道传染病等多发，老年人免疫力差，易感染。在疾病流行期间，不要频繁出入公共场所。可以每天吃几瓣生大蒜，或在室内熏蒸食醋，预防呼吸道传染病。

春季食谱推荐

推荐食谱 # 蒸茼蒿

- ●**材料** 茼蒿350克，面粉20克，蒜末少许
- ●**调料** 生抽10毫升，芝麻油适量

●**做法**

①将择洗好的茼蒿切成同等的长段。

②取1个大碗，倒入茼蒿、面粉，拌匀，将其装入盘中，待用。

③蒸锅上火烧开，放入蒸盘，盖上锅盖，大火蒸2分钟至熟。

④在蒜末中倒入生抽、芝麻油，搅拌匀，制成味汁。

⑤揭盖，取出茼蒿，装入盘中，配上味汁即可食用。

扫一扫看视频

🌿 调理功效

茼蒿含有维生素A、维生素C、蛋白质、胡萝卜素等成分，开胃消食、清血养心，适合春季食用。

豉油南瓜

扫一扫看视频

● **材料**　去皮南瓜350克，蒜瓣2个，罗
　　　　勒叶少许

● **调料**　盐2克，鸡粉3克，食用油、蒸
　　　　鱼豉油各适量

● **做法**

① 洗净的南瓜切片，洗好的蒜瓣用刀拍扁。

② 锅中注水烧开，倒入南瓜，加入盐，焯至熟软。

③ 关火，将焯好的南瓜捞出。

④ 取1个盘，将南瓜以圆圈方式摆放在盘中。

⑤ 用油起锅，倒入蒜瓣，爆香，加入蒸鱼豉油。

⑥ 注入适量清水，加入鸡粉，煮约1分钟至入味。

⑦ 关火盛出汁液，浇在南瓜上，放上罗勒叶装饰即可。

🌱 调理功效

南瓜含有蛋白质、糖类、维生素A、维生素C、钙
等营养成分，春季食用可以降血脂、保肝护肾。

扫一扫看视频

 香油胡萝卜

- ●材料　胡萝卜200克，鸡汤50毫升，姜片、葱段各少许
- ●调料　盐3克，鸡粉2克，芝麻油适量

- ●做法
①洗净去皮的胡萝卜切片，再切成丝，备用。
②锅置火上，倒入芝麻油，放入姜片、葱段，爆香。
③倒入胡萝卜，加入鸡汤，拌匀。
④放入盐、鸡粉，炒匀。
⑤关火后盛出炒好的菜肴，装入盘中即可食用。

🍚 调理功效

胡萝卜有降血糖、增强免疫力、益肝明目等功效，适合糖尿病老年患者食用。

🍚 调理功效

松仁富含营养元素，具有滋阴润肺、润肠通便等多种功效，菠菜中富含维生素C，两者同食，非常适合中老年人食用。

 松仁菠菜

- ●材料　菠菜270克，松仁35克
- ●调料　盐3克，鸡粉2克，食用油15毫升

- ●做法
①洗净的菠菜切成3段。
②冷锅放入油、松仁，炒出香味，装碟待用。
③往松仁里撒上少许盐，拌匀，待用。
④锅留底油，倒入菠菜，大火翻炒2分钟至熟。
⑤加入盐、鸡粉，炒匀，关火后盛出菠菜，撒上松仁即可。

手捏菜炒茭白

- ●材料　小白菜120克，茭白85克，彩椒少许
- ●调料　盐3克，鸡粉2克，料酒4毫升，水淀粉、食用油各适量

●做法

① 把小白菜洗净，放入盘中，再撒上适量盐。

② 搅拌一会儿，至盐分溶化，再腌渍2小时，至其变软。

③ 将小白菜切长段，洗净的茭白切粗丝，彩椒切粗丝，备用。

④ 用油起锅，倒入茭白，炒出水分。

⑤ 放入彩椒丝，加入盐、料酒，炒匀，倒入小白菜。

⑥ 用大火翻炒匀，至食材变软，加入鸡粉调味，用水淀粉勾芡。

⑦ 关火，盛出炒好的菜肴，装入盘中即可食用。

🍃 调理功效

小白菜具有保持血管弹性、美白皮肤、健脾胃等功效，适合中老年人日常食用。

扫一扫看视频

松仁玉米炒黄瓜丁

扫一扫看视频

●材料 玉米粒、花生仁各200克，
松子仁100克，黄瓜85克，葱
花、蒜末各少许

●调料 盐2克，鸡粉、白糖各少许，
水淀粉、食用油各适量

●做法

① 将洗净的黄瓜切条形，去除瓜瓤，再切小丁块。

② 将花生仁放入榨油机中榨出油；电陶炉通电，放上深
锅，注适量食用油，把松子仁炸至金黄，捞出。

③ 电陶炉通电，放上炒锅，注花生油，爆香蒜末，放入
玉米粒、黄瓜丁、清水，高温略煮。

④ 加白糖、鸡粉、盐，炒匀，用水淀粉勾芡，撒上葱
花，炒熟盛出，撒上松子仁即可。

调理功效

松子中的磷和锰含量较多，不仅是健脑佳品，而
且对老年痴呆也有很好的预防作用。

葱烧豆腐

- ●材料 豆腐200克，大葱40克
- ●调料 盐、鸡粉各3克，生抽5毫升，
  水淀粉10毫升，食用油适量

●做法

①洗净的豆腐切成厚片；洗净的大葱对半切开，改切成葱碎。

②热锅注油烧热，将豆腐煎至焦黄色。

③倒入大葱碎，爆香，淋上生抽、适量清水。

④加入盐，搅拌片刻，加盖，大火焖3分钟。

⑤揭盖，加鸡粉、水淀粉拌匀，盛入盘中即可。

🍴 调理功效

豆腐是一种对男女老少皆有益处的健康食品，老人经常食用可以预防骨质疏松。

扫一扫看视频

芹菜胡萝卜丝拌腐竹

- ●材料 芹菜85克，胡萝卜60克，水发腐竹140克
- ●调料 盐、鸡粉各2克，胡椒粉1克，芝麻油4毫升

●做法

①洗好的芹菜切段，洗净去皮的胡萝卜切丝。

②洗好的腐竹切段，备用。

③锅中注水烧开，倒入西芹、胡萝卜，拌匀，大火略煮。

④放入腐竹，拌匀，煮至食材断生，捞出沥干。

⑤取1个碗，倒入焯好的材料，加盐、鸡粉、胡椒粉、芝麻油，拌匀即可。

🍴 调理功效

胡萝卜有降血压、增强免疫力、保护视力等功效，春季可多吃。

扫一扫看视频

调理功效

花菜是春季的常见食材之一，具有增强免疫力、保护视力、补脾和胃等功效。中老年人可常食本品，还能提高身体免疫力。

凉拌花菜

- ●材料　花菜300克，蒜末、葱花各少许
- ●调料　盐2克，鸡粉3克

●做法

①锅中注水烧开，倒入处理好的花菜，焯至断生。

②关火后将焯好的花菜捞出，沥干水分，装入碗中。

③倒入适量凉水，冷却后，倒出凉水。

④加入备好的蒜末、葱花，放入盐、鸡粉，拌匀。

⑤盛入备好的盘中，撒上葱花即可。

扫一扫看视频

调理功效

紫背菜的鲜叶和嫩梢含有丰富的维生素C以及黄酮苷，对老人有较好的保健功能。

凉拌紫背菜

- ●材料　紫背菜100克，蒜末少许
- ●调料　盐4克，鸡粉3克，芝麻油5毫升，食用油适量

●做法

①沸水锅中加入适量盐、食用油，搅拌均匀。

②倒入洗净的紫背菜，焯片刻至断生。

③将紫背菜捞出，放入凉水中冷却，捞出，装碗。

④往紫背菜中加入蒜末、盐、鸡粉、芝麻油。

⑤充分拌匀至入味，将拌匀的紫背菜盛入盘中即可。

青椒海带丝

推荐食谱

- ● 材料　海带丝200克，青椒50克，大蒜8克
- ● 调料　盐2克，芝麻油3毫升

● 做法

① 海带丝切成段；洗净的青椒对切开去籽，斜刀切成丝。

② 将处理好的大蒜用刀背压扁，再切成蒜末。

③ 锅中注入适量的清水，用大火烧开。

④ 倒入海带丝，搅拌片刻。

⑤ 再倒入青椒丝，搅拌均匀，煮至断生，捞出。

⑥ 取1个碗，倒入氽好的海带丝和青椒丝，拌匀。

⑦ 加入蒜末、盐、芝麻油，搅拌匀。

⑧ 将拌好的海带丝倒入另1个干净的盘中即可。

🌱 调理功效

青椒可以解热、镇痛、降脂。其所含的辣椒素能刺激唾液和胃液分泌，可改善食欲不振、消化不良。

扫一扫看视频

双笋沙拉

- ●材料 竹笋80克，生菜30克，莴笋70克，柠檬20克
- ●调料 蜂蜜10克，橄榄油5毫升，盐、白醋、白糖各少许

●做法

①处理好的竹笋切粗条，莴笋切条，择洗好的生菜切块。

②锅中注入适量的清水，大火烧开。

③倒入竹笋，氽20分钟，去除苦味，捞出，沥干水分放凉。

④用保鲜膜包裹竹笋，放入冰箱冰镇1小时，取出，去除保鲜膜。

⑤锅中注水烧开，倒入莴笋，焯后放入凉水中放凉，捞出。

⑥往碗中加入竹笋、莴笋、生菜，挤上少许柠檬汁。

⑦加入少许盐、白糖、白醋、蜂蜜、橄榄油，搅拌匀。

⑧将拌好的菜肴装入盘中，即可食用。

扫一扫看视频

调理功效

竹笋含有蛋白质、钙、磷、铁等成分，有润肠通便、增强免疫、开胃消食等功效，适合中老年人食用。

蕨菜炒肉末

 推荐食谱

扫一扫看视频

● 材料　蕨菜210克，肉末120克，姜末、蒜末各少许

● 调料　盐、鸡粉各1克，料酒、生抽、水淀粉各5毫升，食用油适量

● 做法

① 将洗净的蕨菜切成小段，待用。

② 锅中注水烧开，放入蕨菜，汆去黏质和涩味。

③ 捞出汆烫好的蕨菜，沥干水分，装盘待用。

④ 用油起锅，放入肉末，炒约半分钟至转色。

⑤ 加入蒜末和姜末，炒出香味。

⑥ 加入料酒、生抽，放入蕨菜，翻炒数下。

⑦ 加盐、鸡粉、水淀粉，炒匀，盛出菜肴，装盘即可。

🍵 调理功效

蕨菜性寒味甘，适量食用可增强人体抗病能力。
与肉末同炒，不仅减少甘涩味，还可促进食欲。

推荐食谱 青豆蒸肉饼

扫一扫看视频

● **材料** 青豆50克，猪肉末200克，葱花、枸杞各少许

● **调料** 盐、生粉各2克，鸡粉3克，料酒、蒸鱼豉油各适量

● 做法

① 取1个碗，倒入猪肉末，加入盐、鸡粉、料酒，拌匀。

② 加入清水、生粉，放入另一容器，沿同一方向搅拌。

③ 放入葱花，再次搅拌均匀，制成肉馅。

④ 取1个盘，倒入青豆，摆放平整。

⑤ 将做好的肉饼平摊在青豆上，用勺子压实待用。

⑥ 蒸锅注水烧开，放上青豆肉饼，大火蒸熟后取出蒸好的青豆肉饼，浇上蒸鱼豉油，用枸杞做点缀即可。

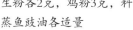 调理功效

青豆含有蛋白质、叶酸、膳食纤维、不饱和脂肪酸等，可帮助中老年人健脾止泻、润燥消水等。

青椒炒鸡肉丁

- ●材料　鸡胸肉100克，青椒30克，蒜头4个
- ●调料　盐1克，水淀粉3毫升，生抽、芝麻油、料酒各4毫升，食用油适量

●做法

① 洗净的青椒去柄去尾，对半切开，去籽，切成4条，再切块。

② 洗好的鸡胸肉对半切成两片，切粗条，改切成丁。

③ 蒜头切片，切碎，剁成末。

④ 鸡丁装碗，放入盐、料酒、生抽、水淀粉，腌至入味。

⑤ 用油起锅，倒入一半蒜末，爆香，放入鸡肉丁，略炒后装盘。

⑥ 锅置火上，放入芝麻油，爆香余下的蒜末，倒入青椒块，炒匀。

⑦ 加入鸡肉丁，翻炒均匀，倒入剩余的生抽，翻炒片刻至食材着色均匀、入味。

⑧ 关火后盛出炒好的菜肴，装入备好的盘中即可。

调理功效

鸡肉色白肉香，不油腻，富含优质蛋白，还有维生素E、钙等，适量食用有助于增强体质、保护脾胃。

扫一扫看视频

 酥炸香椿

- **材料** 香椿135克，鸡蛋液、面粉各30克
- **调料** 盐、鸡粉各1克，食用油适量

●做法

①洗净的香椿切成2段。

②沸水锅中倒入香椿，汆至断生，捞出装盘。

③鸡蛋液中倒入面粉，分次加入适量清水，搅拌均匀。

④加入盐、鸡粉，拌成面糊，倒入香椿，搅匀，待用。

⑤锅置火上，注油烧热，放入香椿，炸至金黄，捞出即可。

扫一扫看视频

🌸 调理功效

香椿营养丰富，其含有的香椿素是挥发性芳香有机物，可健脾开胃，增进食欲。

 **艾叶煎鸡蛋**

- **材料** 艾叶5克，鸡蛋2个，红椒5克
- **调料** 盐、鸡粉各1克，食用油适量

●做法

①洗净的红椒去籽切丝；鸡蛋打入碗中，加盐、鸡粉，制成蛋液。

②用油起锅，倒入蛋液，将红椒丝、艾叶摆放均匀。

③稍煎2分钟至成形。

④倒入食用油，略煎1分钟至底面焦黄。

⑤翻面，煎约1分钟至食材熟透，盛出蛋饼，装盘即可。

 扫一扫看视频

🌸 调理功效

艾叶有理气血、逐寒湿、温经、止血、散寒止痛、去湿杀虫等功效，可常食。

蛋白鱼丁

●材料　蛋清、脆皖鱼各100克，红椒、青椒各10克

●调料　盐、鸡粉各2克，料酒4毫升，水淀粉适量

●做法

①洗净的红椒去籽切块，洗净的青椒去籽切块。

②处理干净的鱼肉切丁，装碗，加盐、鸡粉、水淀粉，腌至入味。

③热锅注油，倒入鱼肉、青椒、红椒，翻炒均匀。

④加入盐、鸡粉，淋入料酒、蛋清，炒匀调味。

⑤关火后将炒好的菜肴盛出，装入盘中即可。

 调理功效　扫一扫看视频

脆皖含有蛋白质、灰分、不饱和脂肪酸、钙、磷等营养成分，老年人食用有益。

糟熘鱼片

●材料　草鱼肉300克，水发木耳100克，卤汁20毫升，姜片、葱段各少许

●调料　盐、鸡粉、胡椒粉各2克，水淀粉5毫升，食用油适量

●做法

①洗净的草鱼肉切成双飞片，装碗。

②加入盐、鸡粉、水淀粉，拌匀，腌至入味，备用。

③锅中注水烧开，倒入鱼片，略煮后捞出，沥干水分。

④热锅注油，爆香姜片、葱段，倒入卤汁、适量清水。

⑤放入木耳、鸡粉、胡椒粉，倒入鱼片，煮熟，盛出即可。

 调理功效　扫一扫看视频

木耳有益气润肺、美容养颜、增强免疫力等功效，对中老年人有很好的保健功效。

清蒸鲈鱼鲜

推荐食谱

- **材料** 鲈鱼300克，葱丝、姜丝、姜片各少许
- **调料** 蒸鱼豉油5毫升，食用油适量

- **做法**

①洗净的鲈鱼两面鱼背上各切一刀，鱼肚中放入姜片。

②取空盘，交叉放上筷子，放入处理好的鲈鱼。

③电蒸锅注水烧开，放入鲈鱼，盖上盖，蒸8分钟至熟。

④揭开盖，取出蒸好的鲈鱼。

⑤取出筷子，在鲈鱼身上放好备好的葱丝和姜丝。

⑥锅中注入适量的食用油，将其烧至八成热。

⑦关火后将热油淋在鲈鱼上，淋上蒸鱼豉油即可。

🌿 调理功效

鲈鱼是常见的经济鱼类之一，皮肉细嫩，对产妇和老人有补身的效果，且不会造成营养过剩而肥胖。

韭菜花炒虾仁 推荐食谱

扫一扫看视频

● 材料　虾仁85克，韭菜花110克，彩椒10克，葱段、姜片各少许

● 调料　盐、鸡粉各2克，白糖少许，料酒4毫升，水淀粉、食用油各适量

● 做法

① 将洗净的韭菜花切长段，洗好的彩椒切粗丝。

② 洗净的虾仁由背部切开，挑去虾线。

③ 把虾仁装碗，加盐、料酒、水淀粉，腌10分钟。

④ 用油起锅，倒入虾仁，撒上姜片、葱段，炒出香味。

⑤ 淋入料酒，炒匀，至虾身呈亮红色。

⑥ 倒入彩椒丝、韭菜花，炒至断生，加盐、鸡粉。

⑦ 撒上白糖，用水淀粉勾芡，盛出即可。

🌱 调理功效

虾仁具有补肾壮阳、养胃、润肠等功效，中老年人食用效果更佳。

扫一扫看视频

调理功效

苦瓜清热解毒、健脾开胃，中老年人食用还可以降低血糖、增强免疫力。

山药炖苦瓜
推荐食谱

● 材料　山药140克，苦瓜120克，姜片、葱段各少许

● 调料　盐、鸡粉各2克

● 做法

①洗净去皮的山药切片；苦瓜去瓤，再切成块，备用。

②砂锅中注水烧开，倒入苦瓜、山药，撒上姜片、葱段。

③盖上锅盖，烧开后用小火煮约30分钟至食材熟软。

④揭开锅盖，放入适量盐、鸡粉，搅匀调味。

⑤关火后将煮好的菜肴盛出，装入盘中即可。

扫一扫看视频

调理功效

黄花菜能改善人体新陈代谢，增强免疫力。老年人食之还有促进消化的作用。

金针白玉汤
推荐食谱

● 材料　豆腐150克，大白菜120克，水发黄花菜100克，金针菇80克，葱花少许

● 调料　盐3克，鸡粉少许，料酒3毫升，食用油适量

● 做法

①洗净的金针菇切去根，大白菜切丝，豆腐切块，黄花菜去除花蒂。

②锅中注水烧开，加盐、豆腐块、黄花菜，煮1分钟，捞出装碗。

③用油起锅，倒入白菜丝、金针菇，淋入料酒、清水，快速翻炒。

④用大火煮沸，倒入焯过的食材，轻轻搅拌匀。

⑤加盐、鸡粉，拌匀，煮至入味，关火后盛出，撒上葱花即成。

豆腐狮子头

- 材料　老豆腐155克，虾仁末、鸡蛋液各60克，猪肉末75克，去皮马蹄、木耳碎各40克，葱花、姜末各少许
- 调料　生粉30克，盐、鸡粉各3克，胡椒粉、五香粉各2克，料酒5毫升，芝麻油适量

- 做法

① 马蹄切块，剁碎；洗净的老豆腐装碗，用筷子夹碎。
② 放入马蹄碎、虾仁末、肉末、木耳碎，倒入葱花和姜末。
③ 倒入鸡蛋液，加盐、鸡粉、胡椒粉、五香粉和料酒，拌匀。
④ 倒入生粉，用筷子充分搅拌均匀，制成馅料。
⑤ 用手取适量馅料挤成丸子，放入沸水锅中。
⑥ 煮约3分钟，掠去浮沫。
⑦ 加入盐和鸡粉，关火后淋入芝麻油，搅匀。
⑧ 最后将煮好的豆腐狮子头连汤一块装碗即可。

调理功效

老豆腐口感较"粗"，但蛋白质、钙等含量高，有保护肝脏、强健骨骼和牙齿之效，中老年人可常食。

扫一扫看视频

推荐食谱 排骨汤

- 材料　排骨300克，姜片15克，香菜10克
- 调料　盐、鸡粉各2克，白胡椒粉适量
- 做法

①锅中注水烧开，倒入排骨，汆去血水和杂质，捞出。

②砂锅注水烧热，倒入排骨、姜片，搅拌片刻。

③盖上锅盖，用大火煮开后转小火煮1小时。

④掀开锅盖，放入盐、鸡粉、白胡椒粉，搅拌调味。

⑤将煮好的汤盛出装入碗中，摆放上香菜即可。

🌿 调 理 功 效

排骨含有蛋白质、骨胶原、骨黏蛋白等成分，可为中老年人提供钙质。

🌿 调 理 功 效

鲍鱼有补虚、滋阴、润肺、清热等功效，搭配竹笋一起炖鸡，味道鲜美，老年人食用还可养肝明目。

推荐食谱 春笋仔鲍炖土鸡

- 材料　土鸡块300克，竹笋160克，鲍鱼肉60克，姜片、葱段各少许
- 调料　盐、鸡粉、胡椒粉各2克，料酒14毫升
- 做法

①洗净去皮的竹笋切片，处理好的鲍鱼肉切片。

②锅中注水烧开，倒入竹笋、料酒，煮至断生，捞出沥干。

③沸水锅中先后用料酒将鲍鱼和土鸡块汆去腥味和血水，捞出。

④砂锅中注水烧热，放入姜片、葱段、鸡块，倒入鲍鱼、竹笋、料酒。

⑤盖上盖，烧开后用小火炖约1小时；揭盖，加盐、鸡粉、胡椒粉拌匀即可。

黑木耳山药煲鸡汤

●材料　去皮山药100克，水发木耳
　　　　90克，鸡肉块250克，红枣30
　　　　克，姜片少许

●调料　盐、鸡粉各2克

●做法

①洗净的山药切滚刀块。

②锅中注水烧开，倒入洗净的鸡肉块，汆去血水。

③捞出汆好的鸡肉，沥干水分，装盘待用。

④取电火锅，注入清水，倒入鸡肉块、山药块。

⑤加入泡好的木耳、洗净的红枣和姜片。

⑥加盖，调至"高"档，待鸡汤煮开，续炖100分钟。

⑦揭盖，加盐、鸡粉，稍煮，盛出鸡汤，装碗即可。

调理功效

常吃木耳可抑制血小板凝聚，降低血液胆固醇，
对防治动脉血管硬化有益。

茼蒿鲫鱼汤

推荐
食谱

扫一扫看视频

● 材料　鲫鱼肉400克，茼蒿90克，姜片、枸杞各少许

● 调料　盐3克，鸡粉2克，胡椒粉少许，料酒5毫升，食用油适量

● 做法

① 将洗净的茼蒿切成段，装入盘中，待用。

② 用油起锅，爆香姜片，放入鲫鱼肉，用小火煎一会儿，至两面断生。

③ 淋入料酒、清水，加入盐、鸡粉，放入洗净的枸杞。

④ 盖上盖，用大火煮约5分钟，至鱼肉熟软。

⑤ 揭开盖，倒入茼蒿、胡椒粉，续煮至全部食材熟透。

⑥ 关火后盛出煮好的鲫鱼汤，装入汤碗中即成。

🥄 调理功效

鲫鱼有通血脉、补体虚的作用，对降低胆固醇和血压黏稠度、预防心脑血管疾病等也有益处。

推荐食谱

韭菜鲜肉水饺

● 材料　韭菜70克，肉末80克，饺子皮90克，葱花少许

● 调料　盐、鸡粉、五香粉各3克，生抽5毫升，食用油适量

● 做法

① 洗净的韭菜切碎。

② 往肉末中倒入韭菜碎、葱花，撒上盐、鸡粉、五香粉。

③ 淋上食用油、生抽，拌匀入味，制成馅料。

④ 备好1碗清水，用手指蘸上少许清水，在饺子皮边缘涂抹一圈。

⑤ 往饺子皮中放上少许馅料，将饺子皮对折，两边捏紧。

⑥ 剩下的饺子皮采用相同的做法制成饺子生坯，放入盘中待用。

⑦ 锅中注水烧开，放入饺子生坯，待其再次煮开，拌匀，防止饺子粘连。

⑧ 加盖，大火煮3分钟，至其上浮；揭盖，捞出饺子，盛入盘中即可。

🍳 调理功效

韭菜被人们称为"清肠草"，能促进肠胃蠕动，并吸附杂尘，将毒素排出体外，达到清洁肠道的作用。

扫一扫看视频

南瓜山药杂粮粥

●材料　水发大米95克，玉米碴65克，
水发糙米120克，水发燕麦140
克，山药125克，南瓜肉110克

●做法
①将去皮洗净的山药切小块，洗好的南
瓜肉切小块。
②砂锅中注水烧开，倒入洗净的糙米、
大米、燕麦。
③盖上盖，烧开后用小火煮约60分钟，
至米粒变软。
④揭盖，倒入南瓜和山药、玉米碴，搅
拌一会，使其散开。
⑤用小火续煮约20分钟，搅拌几下，关
火后盛出煮好的杂粮粥即可。

扫一扫看视频

🌱 调理功效

燕麦是一种低糖、高营养、高
能食品，可有效改善中老年人
的血液循环。

花菜香菇粥

●材料　西蓝花100克，花菜、胡萝卜
各80克，大米200克，香菇、
葱花各少许

●调料　盐2克

●做法
①洗净去皮的胡萝卜切丁，洗好的香菇
切成条。
②洗净的花菜和西蓝花分别去除菜梗，
再切成小朵。
③砂锅中注水烧开，倒入洗好的大米，
用大火煮开后转小火煮40分钟。
④揭盖，倒入切好的香菇、胡萝卜、花
菜、西蓝花，拌匀。
⑤续煮15分钟，放入盐，拌匀调味，盛
入碗中，撒上葱花即可。

扫一扫看视频

🌱 调理功效

香菇是适合春季食用的良好食
材，可以增强中老年的免疫
力、保护肝脏、降血压。

莴笋苹果豆奶

●材料　莴笋60克，苹果80克，豆浆60毫升

●做法
① 处理好的莴笋切成块。
② 洗净的苹果去核，去皮，切成小块，待用。
③ 备好榨汁机，倒入莴笋块、苹果块。
④ 倒入备好的豆浆。
⑤ 盖上盖，调转旋钮至1档，榨取果蔬豆奶。
⑥ 打开盖，将榨好的果蔬豆奶倒入杯中即可。

调理功效

扫一扫看视频

豆浆由黄豆制成，所含的卵磷脂能促进新陈代谢，防止细胞老化，还可防止色斑和暗沉。

红枣南瓜豆浆

●材料　红枣10克，豆浆500毫升，南瓜200克
●调料　白糖10克

●做法
① 蒸锅中注水烧开，放入红枣、切好的南瓜，用中火蒸15分钟至熟，取出。
② 将蒸好的南瓜用刀压成泥状；红枣切开去核，切碎。
③ 砂锅中倒入豆浆，开大火，加入白糖，搅拌至溶化。
④ 加入红枣碎、南瓜泥，拌匀，略煮片刻至入味，关火后盛出即可。

调理功效

本品具有补肝肾、健脾胃、益心神的功效，春季食用有较好的滋补作用，其中红枣补血，南瓜养胃，搭配效果更佳。

高血压

高血压是中老年人常见疾病之一，而春季是高血压的多发期。春季天气多变，人体血压容易因此而升高，血压波动升高，还会出现头痛、头昏、胸闷、失眠、心慌等症状。

预防高血压的关键营养素

【B族维生素】B族维生素可促进脂肪代谢和血液循环，维持血管健康，起到降低血压的作用。谷物类食物，鱼、豆类等食物中均含有丰富的B族维生素，中老年人平时可多补充。

【维生素C】维生素C是天然的抗氧化剂，可以清除体内多余的自由基对心脑的损害，降低血清胆固醇，增加血管的弹性与稳定性，有利于预防高血压。猕猴桃、柠檬、橙子、西蓝花、西红柿等都含有丰富的维生素C，中老年人平时可适当多吃一点。

【钾】钾能促进体内钠盐的排泄，稳定血压，对缓解由钠升高引起的血压升高有较好的预防效果。豆类、香菇、土豆、竹笋、瘦肉、鱼、香蕉、桃、橘子等食物均含有丰富的钾。

【钙】研究表明，每日摄入的钙量增加100克，平均收缩压水平可下降1.5毫米汞柱，舒张压可下降1.3毫米汞柱，摄入的钙越多，血压就越低。可常食牛奶、黄豆、虾、大白菜等。

合理膳食，巧防血压升高

【适量补充优质蛋白质】高血压患者每日蛋白质的摄入量为每千克体重1克，病情控制不好或消瘦者，可增至1.2～1.5克。在这些蛋白质中，应有1/3来自于优质蛋白，如牛奶、鸡蛋、猪瘦肉、鱼、豆类等。

【多吃新鲜蔬菜和水果】新鲜蔬果能为人体提供多种维生素、矿物质、纤维素及水分，有助于提高抵抗力，预防干燥上火。

【烹调多用植物油】尽量食用植物油，如豆油、菜籽油、玉米油、橄榄油等。

【掌握正确的喝水法】水能利尿，会带出体内多余的钠盐，进而降低血压。最好采取少量多次的方式，在睡前30分钟、半夜醒来以及清晨起床后喝大约120毫升水。

【限制盐的摄入量】每日食盐量应在3～5克，避免食用高钠和加碱发酵食品。

香蒸蔬菜

扫一扫看视频

- ●材料　四季豆50克，芦笋75克
- ●调料　椰子油5毫升，盐3克

- ●做法
- ① 洗净的四季豆斜刀切段。
- ② 洗净的芦笋拦腰切断，去老皮，斜刀切段。
- ③ 往备好的碗中放上芦笋、四季豆。
- ④ 加入盐、椰子油，待用。
- ⑤ 电蒸锅注水烧开，放上食材。
- ⑥ 加盖，蒸10分钟。
- ⑦ 揭盖，取出蒸好的蔬菜即可。

调理功效

芦笋可以扩张末梢血管，具有增强免疫力、防癌抗癌、降低血压的功效。

推荐 食谱 番茄洋芹汤

扫一扫看视频

●材料　芹菜45克，瘦肉95克，番茄65克，洋葱75克，姜片少许

●调料　盐2克

●做法

① 洗净的洋葱、番茄切块，芹菜切段，瘦肉切块。

② 锅中注水烧开，放入瘦肉块，氽片刻，捞出装盘。

③ 砂锅中注水烧开，倒入瘦肉块、洋葱块、番茄、姜片，拌匀。

④ 加盖，大火煮开后转小火煮1小时至熟。

⑤ 揭盖，放入芹菜段，续煮10分钟，加入盐。

⑥ 搅拌至入味，关火后盛出煮好的汤，装入碗中即可。

调理功效

芹菜有益气补血、降压利尿等功效，搭配瘦肉熬成汤，其养颜美容、降低血压的功效更显著。

南瓜糙米饭

● 材料　南瓜丁140克，水发糙米180克
● 调料　盐少许

● 做法

①取1个蒸碗，放入洗净的糙米，倒入南瓜丁。

②搅散，注入适量清水，加入少许盐，拌匀，待用。

③蒸锅上火烧开，放入蒸碗。

④盖上盖，用大火蒸约35分钟，至食材熟透。

⑤关火后揭开盖子，待蒸汽散开，取出蒸碗。

⑥稍微冷却后即可食用。

🌱 **调理功效**

糙米含有维生素B_1、维生素E、纤维素以及多种微量元素，常食对控制血压有帮助。

扫一扫看视频

香蕉菠萝奶昔

● 材料　香蕉1根，菠萝100克，鲜奶100毫升

● 做法

①香蕉去皮，切成块。

②处理好的菠萝去除梗，切块待用。

③备好榨汁机，倒入切好的食材，再倒入备好的鲜奶。

④盖上盖子，调转旋钮至1档，然后榨取奶昔。

⑤打开盖，将榨好的奶昔倒入杯中，即可饮用。

🌱 **调理功效**

本品润肠通便、开胃消食、还可促进新陈代谢，中老年人常食能预防便秘和高血压。

扫一扫看视频

胃及十二指肠溃疡

胃及十二指肠溃疡是以胃和十二指肠壁呈周期性疼痛、嗳气、返酸等为主要症状的慢性疾病。春季天气寒凉，气温变化大，是该病的多发季节。

预防胃及十二指肠溃疡的关键营养素

【蛋白质】蛋白质有助于修复受损的组织，促进溃疡面愈合。中老年人宜多选用易消化的蛋白质食物，如鸡蛋、豆浆、豆腐、鸡肉、鱼肉、瘦肉等。消化功能不好的中老年人利用豆类食物补充蛋白质时，需煮软后再食用。

【碳水化合物】碳水化合物既不抑制胃酸分泌，也不刺激胃酸分泌，可以保证充足的热量供应。中老年人平时宜选用杂粮粥、面条等食物。

【胡萝卜素】研究表明，胡萝卜素可能有预防胃及十二指肠溃疡的作用。中老年人平时可通过多食用南瓜、胡萝卜、西蓝花等食物摄取。

【维生素E】维生素E可保护胃肠黏膜，帮助溃疡愈合。中老年人平时可通过食用适量坚果、玉米、鱼肝油等摄取。

合理膳食，远离胃及十二指肠溃疡

【应选用易消化，有足够热量，且含有丰富蛋白质和维生素的食物】营养充足能够改善全身状况，促进溃疡愈合。

【少量多餐、定时定量】一般每餐不宜过饱，以正常食量的2/3为宜，每日进餐4~5次，可维持胃液分泌和正常生理功能。

【细嚼慢咽】细嚼慢咽，使食物磨碎并与唾液充分混合，有助消化，减轻胃负担。

【减少食物对胃及十二指肠的刺激】宜选用质软、易消化的食物，烹调以蒸、煮、炖、烧、烩、焖等为主，不宜采用干炸、油炸、腌腊、滑溜等方法。

【饮食宜清淡爽口】烹调时应限制使用辛辣、浓烈的调味品，且减少食盐、糖的使用量。

推荐食谱 鳕鱼蒸蛋

●材料　鳕鱼100克，蛋黄50克

●做法

①处理好的鳕鱼去皮，切厚片，切条，再切丁。

②取1个碗，倒入蛋黄、清水，拌匀，制成蛋液。

③再取1个碗，倒入鳕鱼丁、蛋液，用保鲜膜封口。

④电蒸锅注水烧开，放入食材，蒸10分钟至熟。

⑤将蒸好的食材取出，再撕去保鲜膜，即可食用。

🍃 调理功效

鸡蛋和鳕鱼均是富含蛋白质的食材，有助于修复受损的组织，促进溃疡面愈合。

扫一扫看视频

推荐食谱 鳕鱼糊

●材料　鳕鱼50克，水发大米100克

●做法

①将鳕鱼取肉，切丁，放入开水锅中，汆至转色，捞出。

②热锅中倒入大米，翻炒至半透明状，放入鳕鱼丁，炒出香味。

③注入适量的清水，拌匀，煮20分钟，盛出，放凉待用。

④取榨汁机，倒入鳕鱼粥、适量凉开水，将食材打碎后装入碗中。

⑤奶锅中倒入榨好的食材，煮至沸，滤取食材即可。

🍃 调理功效

本品具有健脾养胃、补虚强身等功效，非常适宜胃肠功能不佳的老年人食用。

扫一扫看视频

肉丸子小白菜粉丝汤

推荐食谱

扫一扫看视频

●材料 猪肉末100克，鸡蛋液、粉丝各20克，上海青50克，葱段12克

●调料 盐2克，水淀粉5毫升，生抽6毫升

●做法

① 洗净的上海青去根部，切段；洗好的葱段切成末。

② 粉丝装碗，加开水，稍烫片刻。

③ 猪肉末装碗，加入葱末、鸡蛋液、盐，拌匀。

④ 倒入水淀粉、生抽，拌匀，腌渍5分钟至入味。

⑤ 将腌好的肉末挤成数个丸子，装盘。

⑥ 锅中注水烧开，放入肉丸，煮开后转小火续煮至熟。

⑦ 放入上海青、粉丝、盐、生抽，搅匀，盛出即可。

调理功效

上海青也是小白菜的一种，有保护皮肤、润肠通便等作用，还可改善胃溃疡。

菠菜西蓝花汁

- ● **材料**　菠菜200克，西蓝花180克
- ● **调料**　白糖10克

● **做法**

① 洗好的西蓝花切成小块，洗净的菠菜切成段。

② 锅中注入适量清水烧开，倒入西蓝花，煮至沸腾。

③ 倒入菠菜，搅拌均匀，氽片刻。

④ 将氽好的西蓝花和菠菜捞出，沥干水分，备用。

⑤ 取榨汁机，选择搅拌刀座组合，将食材倒入搅拌杯中。

⑥ 倒入适量纯净水，盖上盖，选择"榨汁"功能，榨取蔬菜汁。

⑦ 揭盖，倒入白糖，再选择"榨汁"功能，搅拌片刻，至蔬菜汁味道均匀。

⑧ 将榨好的蔬菜汁倒入备好的杯中，即可饮用。

🌿 调理功效

胡萝卜素可有效预防胃及十二指肠溃疡，西蓝花富含胡萝卜素，有胃溃疡的中老年人可食用本品。

老年慢性支气管炎

老年慢性支气管炎（简称"老慢支"）是威胁中老年健康的常见病、多发病，任何季节都可以发病，以冬春季最为常见。咳嗽咳痰，伴有气喘是老年慢性支气管炎的主要症状。

预防老年慢性支气管炎的关键营养素

【维生素A】维生素A具有保护呼吸道黏膜和呼吸器官上皮细胞的功能，如果缺乏会影响支气管上皮细胞的防御能力。富含维生素A的食物有鱼肝油、蛋黄、牛奶、胡萝卜、菠菜、大白菜、西红柿等。

【维生素C】维生素C具有保护支气管上皮细胞，减少毛细血管通透性，参与形成抗体，促进创面愈合等作用。富含维生素C的食物有柚子、橙子、猕猴桃、草莓、绿叶蔬菜等。

【蛋白质】蛋白质不足会影响受损的支气管黏膜的修复，体内抗体和免疫细胞的形成以及机体的新陈代谢活动。中老年人春季饮食中宜保证足够的蛋白质供给。

合理膳食，预防老年慢性支气管炎

【适量补充蛋白质】鸡蛋、猪瘦肉、鱼等食物中含有丰富的优质蛋白质，中老年人可选择适量补充。

【多吃新鲜蔬果】新鲜蔬果中含有多种维生素，有助于增强中老年人的免疫力。在春季宜多吃苹果、橙子、枇杷、大白菜等。

【根据体质选择食物】体质寒凉者宜用生姜、韭菜等温热性食物；体质属热者用茼蒿、萝卜、梨等；体虚者可用枇杷、百合、蜂蜜等。

【多选用清咽利痰的食物】雪梨、银耳、白果、百合等食物有化痰止咳的功效，可多食。

【多饮水】大量饮水可稀释痰液并利于其排出，改善感染症状。

【忌食生冷、刺激性食物】生冷瓜果、冰激凌、辣椒等食物都容易增加痰液黏度，伤及肺阴。

炝炒生菜

扫一扫看视频

● 材料　生菜200克
● 调料　盐、鸡粉各2克，食用油适量

● 做法

① 将洗净的生菜切成瓣。

② 把切好的生菜装入盘中，待用。

③ 锅中注入适量食用油，烧热。

④ 放入切好的生菜，快速翻炒至熟软。

⑤ 加入适量盐，翻炒均匀。

⑥ 再放入适量鸡粉，炒匀调味。

⑦ 将炒好的生菜盛出，装入盘中即可。

调理功效

生菜有利五脏、通经脉的功效，还能降低胆固醇、清燥润肺，对慢性支气管炎有食疗作用。

推荐食谱 **菠菜牛蒡沙拉**

扫一扫看视频

●**材料** 菠菜75克，牛蒡85克
●**调料** 盐少许，生抽5毫升，沙拉酱、橄榄油各适量

●**做法**

① 去皮洗净的牛蒡切丝；洗好的菠菜去除根部，切段。

② 锅中注入适量清水烧开，倒入牛蒡丝，搅匀。

③ 焯一会儿，至食材断生，捞出，沥干水分，待用。

④ 沸水锅中再倒入菠菜段，略煮至其变软后捞出。

⑤ 取1大碗，倒入牛蒡丝、菠菜段，拌匀。

⑥ 加入盐，淋上生抽、橄榄油，拌至食材入味。

⑦ 另取1个盘，盛入拌好的材料，再挤上沙拉酱即成。

调理功效

菠菜具有保护呼吸道黏膜和呼吸器官上皮细胞的功能，食用本品还可通便清热、理气补血。

灵芝蒸肉饼

- ●材料　猪肉末250克，灵芝末8克
- ●调料　盐、鸡粉各1克，水淀粉少许，食用油适量

- ●做法
① 在猪肉末中加入盐、鸡粉、水淀粉，拌匀。
② 倒入灵芝末，拌匀，淋入食用油，搅拌匀。
③ 将拌好的肉末倒在盘中，压成饼状，待用。
④ 蒸锅中注入适量清水烧开，把肉饼放入蒸锅中。
⑤ 用大火蒸15分钟至熟，取出即可。

调理功效

灵芝可以止咳化痰，具有宁心安神、补养气血等功效，可辅助治疗慢性支气管炎。

扫一扫看视频

香蕉猕猴桃汁

- ●材料　香蕉120克，猕猴桃90克，柠檬30克

- ●做法
① 香蕉去皮，果肉切成小块。
② 洗净的柠檬切块；洗好的猕猴桃去皮，果肉切块。
③ 取榨汁机，选择"搅拌"刀座组合，倒入切好的水果。
④ 加入适量纯净水，选择"榨汁"功能，榨取果汁。
⑤ 将榨好的果汁倒入杯中即可。

调理功效

猕猴桃中的维生素C可以保护人的支气管上皮细胞，减少毛细血管通透性。

扫一扫看视频

哮喘

哮喘是由多种过敏因素和非过敏因素作用于机体，引起的机体可逆性支气管平滑肌痉挛、黏膜充血水肿和黏液分泌增多等病理变化。春季，气温变化大，空气中常常弥漫花粉、霉菌，如再遇到紧张、兴奋或强烈情绪，以及受凉感冒等因素，自然极易发作。

预防哮喘的关键营养素

【维生素C】维生素C是参与各种代谢的重要物质，并有保护支气管上皮细胞，增强免疫力等功效，可有效预防因感冒等引起的哮喘发作。

【维生素D】有研究发现，缺少维生素D的哮喘患者的发病率要比其他人高出25%，适量补充维生素D有助于改善哮喘患者的肺功能。

【镁】研究表明，镁离子能缓解哮喘的机理主要有二：一是镁离子可影响神经肌肉兴奋性，对平滑肌有抑制作用，能降低支气管平滑肌的紧张度；二是镁离子可稳定细胞膜，抑制内源性致痉物质的释放，抑制其对气道平滑肌的收缩作用。

【硒】硒是谷胱甘肽过氧化物酶的活性成分，含硒的过氧化物酶有抑制脂质过氧化的作用。硒含量低于人体生理需要时，会导致过氧化物酶活性降低，抗脂质过氧化功能下降，导致哮喘发作。

合理膳食，预防哮喘发作

【保证饮食均衡】哮喘患者除了要适量补充蛋白质外，还需适量摄取维生素和矿物质，如维生素B_6、维生素C、维生素D、镁、硒等营养素。

【经常吃食用菌类】菌菇类食物能调节免疫功能，如香菇、蘑菇含香菇多糖、蘑菇多糖，可以减少支气管哮喘的发作。

【尽量避免饮食过敏】过敏体质者宜少食异性蛋白食物，以免诱发支气管哮喘。

【支气管哮喘患者的饮食宜清淡，少刺激】不宜过饱、过咸、过甜，且需忌食生冷、酒、辛辣等刺激性食物。

推荐食谱 胡萝卜丝蒸小米饭

- **材料** 水发小米150克，去皮胡萝卜100克
- **调料** 生抽适量

● **做法**

① 洗净的胡萝卜切片，再切丝。

② 取1个碗，加入洗好的小米。

③ 倒入适量清水，待用。

④ 蒸锅中注入适量的清水烧开，再放上小米。

⑤ 加盖，中火蒸40分钟至熟。

⑥ 揭盖，放上胡萝卜丝。

⑦ 加盖，续蒸20分钟至熟透。

⑧ 揭盖，关火后取出小米饭，淋上生抽，即可食用。

扫一扫看视频

调理功效

胡萝卜含有维生素C，可保护支气管上皮细胞，增强免疫力，有效预防因感冒等引起的哮喘发作。

翡翠燕窝

扫一扫看视频

●材料　鸡胸肉300克，鸡蛋1个，菠菜汁300毫升，水发燕窝少许

●调料　盐、鸡粉各2克，水淀粉适量

●做法

① 鸡蛋打开，取蛋清备用。

② 洗净的鸡胸肉切块，再切成薄片，改切成细丝。

③ 把鸡肉丝装碗，加盐、鸡粉、水淀粉，腌至入味。

④ 用油起锅，注入少许清水，倒入菠菜汁。

⑤ 放入鸡肉丝，搅散，加入盐、鸡粉，拌匀调味。

⑥ 用大火煮约1分钟，倒入蛋清，搅拌匀。

⑦ 倒入水淀粉勾芡，拌煮至食材熟透，盛出即可。

🥄 调理功效

本品清淡、少刺激，适合老年慢性支气管炎患者食用，能调节免疫功能，减少支气管哮喘发作。

黄芪黄连茶

- ●材料 黄芪、黄连各少许

●做法

①砂锅中注入适量清水烧开，倒入备好的黄连、黄芪。

②盖上盖，用小火煮约20分钟至其析出有效成分。

③揭开盖，搅拌均匀。

④关火后盛出煮好的药茶，滤入杯中即可饮用。

调理功效

此茶可调理肺气虚弱引起的慢性支气管炎、支气管哮喘、过敏性鼻炎等。

扫一扫看视频

枇杷糖水

- ●材料 枇杷160克
- ●调料 冰糖30克

●做法

①洗净的枇杷去除头尾，切开，去核，切成小瓣，去除果皮，备用。

②砂锅中注入适量清水烧开，倒入切好的枇杷。

③盖上盖，烧开后用小火煮约10分钟。

④揭开盖，倒入冰糖，搅拌均匀，煮至其溶化。

⑤关火后盛出煮好的糖水即可。

调理功效

枇杷含有维生素A、磷、铁、钙等营养成分，可以清肺胃热、降气化痰等。

扫一扫看视频

感冒

由冬入春，虽然整体气温升高，但早晚温差大，人很容易着凉，加上随着天气转暖，各种病毒细菌也随之活跃，所以春季感冒也是影响老年人健康的一大隐患。

预防感冒的关键营养素

【蛋白质】蛋白质是机体免疫防御功能的物质基础，保证其供给充足，可增强免疫力，预防感冒。中老年人平时可多摄取富含优质蛋白的食物，如鱼、牛奶、豆类及其制品等。

【维生素C】维生素C可增强机体对外界环境的抗应激能力和免疫力，适量补充维生素C可帮助老年人抵御因天气变化引起的感冒。同时，维生素C能改善人体对钙、铁的利用。

【维生素A】维生素A对呼吸道及胃肠道黏膜均有保护作用。人体内缺乏维生素A会降低人体的抗体反应，导致免疫功能下降，病菌、病毒等就会乘虚而入。老年人平时需适量食用胡萝卜、南瓜、芒果等富含维生素A的蔬果。

【锌】锌是人体内很多重要酶的构成成分，对生命活动有催化作用。其可提高免疫力，而且对红细胞、白细胞、血小板以及胶原纤维等与免疫功能相关的组织都有重要的作用。当人体内锌缺乏显著时，T淋巴细胞、B淋巴细胞的功能可同时受损。

合理膳食，抵御感冒侵袭

【均衡饮食】营养均衡的饮食使老人对感冒的抵抗力明显增加。中老年人可根据"中国居民膳食宝塔"，均衡、合理地摄取谷物、蔬果、肉鱼蛋奶、食用油等，获取多重营养。

【多吃新鲜蔬果】新鲜蔬果中含有丰富的水分、维生素和矿物质，经常食用能促进食欲，帮助消化，满足人体对维生素和矿物质的需求，增强抗病能力。

【多喝水】多饮水可使人体器官的乳酸脱氢酶活力增强，提高人体的抗病能力，还能保持鼻腔和口腔内黏膜湿润，预防感冒。

【忌食刺激性食物】刺激性强的食物，如辣椒、咖喱粉、胡椒粉等，会使呼吸道黏膜干燥、痉挛，引起鼻塞、呛咳等症。

马齿苋生姜肉片粥

推荐食谱

- ●材料　水发大米120克，马齿苋60克，猪瘦肉75克，姜块40克
- ●调料　盐、鸡粉各2克，料酒、芝麻油各4毫升，胡椒粉1克，水淀粉8毫升
- ●做法

①洗净的姜块切丝，洗好的马齿苋切段，备用。

②洗净的猪瘦肉切片，装碗，加盐、鸡粉、料酒、水淀粉，腌渍10分钟。

③砂锅中注水烧热，倒入大米，烧开后用小火煮约20分钟。

④倒入马齿苋，搅拌均匀，用中火煮约5分钟。

⑤倒入瘦肉、姜丝，加盐、鸡粉、芝麻油、胡椒粉，拌匀即可。

🌱 调理功效

扫一扫看视频

马齿苋有清热解毒、消肿止痛、降血压等功效，感冒期间可以食用此粥。

鱼丸豆苗汤

推荐食谱

- ●材料　鱼丸75克，豆苗55克，葱花少许
- ●调料　盐、鸡粉、胡椒粉各少许，芝麻油5毫升
- ●做法

①洗净的鱼丸对半切开，打上十字花刀，待用。

②砂锅注水煮开，倒入鱼丸，调大火煮约5分钟。

③往锅中倒入洗净的豆苗，拌匀。

④加入盐、鸡粉、胡椒粉、芝麻油，拌匀入味。

⑤关火后将煮好的汤盛入碗中，撒上葱花即可。

🌱 调理功效

扫一扫看视频

豆苗有利尿、止泻、消肿、止痛和助消化等作用，可用于辅助治疗感冒等症。

扫一扫看视频

水蒸鸡

- ●材料　三黄鸡1只（800克）
- ●调料　盐适量

●做法

①将整鸡装入大碗中，撒入适量的盐，涂抹匀。

②鸡脚从鸡尾部塞进鸡肚内，装入盘中，待用。

③电蒸锅注水烧开，放入整鸡。

④盖上盖，调转旋钮定时蒸40分钟。

⑤揭开盖，将鸡取出即可。

🍃 调理功效

鸡肉有滋补养身的作用，体质虚弱、感冒用鸡肉或鸡汤作为补品食用，尤为适宜。

贵妃豆腐

- ●材料　日本豆腐220克，枸杞15克，葱花少许，高汤100毫升
- ●调料　盐少许，鸡粉2克，水淀粉适量
- ●做法

①日本豆腐切段，去除外包装，再切成小块。

②把豆腐块装入蒸碗，铺平，撒上枸杞，放入蒸锅。

③用大火蒸约10分钟，至食材熟透，取出蒸碗，待用。

④锅置旺火上，注入高汤，加入盐、鸡粉，大火煮沸。

⑤用水淀粉勾芡，调成芡汁，浇在蒸碗中，点缀上葱花即可。

扫一扫看视频

🍃 调理功效

豆腐富含蛋白质，蛋白质是机体免疫防御功能的物质基础，可预防感冒的发生。

橙盅酸奶水果沙拉

（推荐食谱）

●材料　橙子1个，猕猴桃肉35克，圣女果50克，酸奶30克

●做法

① 猕猴桃肉切开，再切小块；洗好的圣女果对半切开。

② 洗净的橙子切去头尾，用雕刻刀从中间分成两半。

③ 取出果肉，制成橙盅，再把果肉改切小块，待用。

④ 取1个干净的大碗，倒入之前切好的圣女果。

⑤ 用筷子快速搅拌一会儿，至食材混合均匀。

⑥ 另取1个盘子，放上做好的橙盅，摆整齐。

⑦ 再盛入拌好的材料，浇上酸奶即可。

🌿 调理功效

猕猴桃含有的维生素C可增强机体对外界环境的抗应激能力，帮助抵御因天气变化引起的感冒。

扫一扫看视频

肝炎

　　肝炎是肝脏炎症的统称，通常是指由多种致病因素使肝脏细胞受到破坏，肝脏的功能受到损害，引起身体一系列不适症状，以及肝功能指标出现异常的疾病。

预防肝炎的关键营养素

　　【辅酶Q$_{10}$】辅酶Q$_{10}$可抵抗实验性四氯化碳造成的肝损伤，对肝细胞修复、增加肝糖原的合成及增强肝脏对毒物的解毒能力均有一定作用。临床常用于治疗急、慢性肝炎及亚急性重型肝炎，也常用来提高暴发型肝炎和亚急性重型肝炎患者的非特异性免疫功能。

　　【维生素C】维生素C也是一种氧化还原剂，能直接改善肝功能，促进新陈代谢；大剂量应用可提高体液免疫力，促进抗体形成，加强白细胞的吞噬作用，增强机体的抗病能力，减轻肝脏脂肪变性，促进肝细胞的修复、再生和肝糖原的合成，改善新陈代谢，增强利尿作用，促进胆红素排泄，从而起到解毒、退黄、恢复肝功能、降低转氨酶的作用。此外，还有结合细菌内毒素的能力，减少内毒素对肝脏的损害。

　　【B族维生素】B族维生素对促进消化、保护肝脏和防止脂肪肝有重要作用。其中，维生素B$_2$是肝脏降解化学物质酶的辅助因子，可抑制某些化学物质诱发的肝细胞癌。

　　【钙和镁】肝病患者随肝功能损害的加重其血钙、血镁水平随之下降，二者呈一致性。因此，血钙、血镁水平能反映肝功能损害的程度，并且血钙、血镁在机体的生理过程中发挥着重要作用，故应重视纠正低钙、低镁血症。

合理膳食，巧防肝炎

　　【合理饮食】要低脂肪、低糖、高营养、高维生素饮食，注重一日三餐的合理搭配，软硬适宜、清淡饮食，禁酒等。

　　【增加蛋白质的摄入量】蛋白质是维持人类生命活动的重要营养素，病情好转的肝炎患者可适量摄取优质蛋白质和营养价值高的食物，如牛奶、鱼、豆制品等。

　　【不宜多食用罐头食品、油炸及油煎食物、方便面和香肠】此类食物中的防腐剂、色素等会加重肝脏代谢及解毒的负担。

粉蒸胡萝卜丝

● 材料　胡萝卜170克，蒸肉米粉40克，葱花8克

● 调料　盐2克，芝麻油适量

● 做法

① 洗净去皮的胡萝卜切成片，再切成丝。

② 胡萝卜丝倒入碗中，加入盐、芝麻油。

③ 放入备好的蒸肉米粉，搅拌片刻。

④ 将拌好的胡萝卜丝倒入备好的盘中，待用。

⑤ 电蒸锅注水烧开上气，放入胡萝卜丝。

⑥ 盖上锅盖，调转旋钮定时蒸10分钟。

⑦ 掀开锅盖，取出胡萝卜丝，撒上葱花即可。

🍚 调理功效

胡萝卜含有维生素A，人体缺乏维生素A免疫力会下降，本品可有效预防病毒引起的肝炎等。

青萡子鱼片汤

推荐食谱

扫一扫看视频

●材料　豆腐80克，生菜、草鱼肉各65克，青萡子7克

●调料　盐、鸡粉、白胡椒粉各2克

●做法

①备好的豆腐切成条，再切块。

②处理好的草鱼片成片儿。

③砂锅中注入适量的清水大火烧开。

④倒入青萡子、豆腐，搅拌匀。

⑤盖上锅盖，煮开后转小火煮20分钟。

⑥掀开锅盖，放入生菜、草鱼肉片。

⑦加盐、鸡粉、白胡椒粉，续煮5分钟，盛出即可。

🍃 调理功效

此汤有宁神益智的作用，适合劳心过度、内有火热、面色潮红、眩晕耳鸣、疲乏健忘者食用。

山药蔬菜粥

●材料　山药70克，胡萝卜65克，菠菜50克，水发大米150克，葱花少许

●做法

①洗净去皮的山药切块，胡萝卜切粒，菠菜切小段，备用。

②砂锅中注水烧开，倒入洗净的大米，搅拌匀。

③盖上盖，烧开后用小火煮约30分钟。

④揭开盖，倒入切好的胡萝卜、山药，拌匀。

⑤放入菠菜，烧开后用小火煮约5分钟，盛出即可。

🌱 调理功效

扫一扫看视频

山药可以健脾胃、益肺肾、补虚羸等，适合中老年人食用，还可预防肝炎。

韭菜叶汁

●材料　韭菜90克

●做法

①将洗净的韭菜切成均匀的段，装入盘中，备用。

②取榨汁机机，选择搅拌刀座组合，倒入韭菜段。

③倒入少许清水，选择"榨汁"功能，榨取韭菜汁。

④断电后倒出韭菜汁，滤入备好的碗中，待用。

⑤砂锅置于火上，倒入韭菜汁，煮沸，盛出即可。

🌱 调理功效

扫一扫看视频

韭菜是适合中老年男性食用的佳品，可补肾温阳、益肝健胃、增强免疫力等。

类风湿性关节炎

　　类风湿性关节炎是一种以关节病变为主的慢性全身自身免疫性疾病。本病多为一种反复发作性疾病，致残率较高，预后不良，目前还没有很好的根治方法。

预防类风湿性关节炎的关键营养素

　　【硅】硅在结缔组织、软骨形成中硅是必需的，硅能将黏多糖互相连结，并将黏多糖结合到蛋白质上，形成纤维性结构，从而增加结缔组织的弹性和强度，维持结构的完整性；硅参与骨的钙化作用，在钙化初始阶段起作用，食物中的硅能增加钙化的速度，尤其当钙摄入量低时效果更为明显。

　　【Ω-3脂肪酸】研究表明，体内Ω-3脂肪酸的多少影响着关节炎酶的活性，如果体内Ω-3脂肪酸含量增多，关节炎酶的活性便会降低，从而缓解关节炎。

　　【氨基葡萄糖】氨基葡萄糖有助于修复受损软骨，刺激新软骨的生成，改善发炎症状，舒缓关节疼痛、僵硬及肿胀。此外，还可制造蛋白多糖润滑关节，缓解骨关节摩擦疼痛。

合理膳食，巧防类风湿性关节炎

　　【饮食宜清淡】风湿性关节炎患者常受病痛折磨，又长期以药物为伴。病发作时，更是茶饭不香，故饮食宜清淡。其一可以保持较好的食欲，其二可以保持较好的脾胃运化功能，以增强抗病能力。

　　【要少食含酪氨酸、苯丙氨酸和色氨酸的食物】牛奶、羊奶等奶类和花生、巧克力、小米、干酪、奶糖等含有酪氨酸、苯丙氨酸和色氨酸的食物，能产生致关节炎的介质前列腺素、白三烯、酪氨酸激酶自身抗体及抗牛奶IgE抗体等，易致过敏而引起关节炎加重、复发或恶化。

　　【少食肥肉、高动物脂肪和高胆固醇食物】这些食物可抑制T淋巴细胞功能，易引起关节疼痛、骨质脱钙疏松与关节破坏。

　　【少食甜食】因其糖类易致过敏，可加重关节滑膜炎的发展，引起关节肿胀等。

西蓝花虾皮蛋饼

- ●材料　西蓝花、面粉各100克，鸡蛋2个，虾皮10克
- ●调料　食用油适量

●做法

①洗净的西蓝花切小朵。

②取1个碗，倒入面粉，加盐，打入鸡蛋，倒入虾皮、西蓝花，拌匀。

③用油起锅，放入面糊，铺平，煎约5分钟至两面金黄色，取出。

④将蛋饼放在砧板上，切去边缘不平整的部分。

⑤再切成三角状，将切好的蛋饼装入盘中即可。

🌱 调理功效

本品中的西蓝花可以使人体保持较好的脾胃运化功能，能增强抗病能力。

扫一扫看视频

豌豆苗拌香干

- ●材料　豌豆苗90克，香干 150克，彩椒40克，蒜末少许
- ●调料　盐、鸡粉各3克，生抽4毫升，芝麻油2毫升，食用油适量

●做法

①洗好的香干切条，洗好的彩椒切成条，备用。

②锅中注水烧开，倒入食用油、盐、鸡粉、香干、彩椒，煮半分钟。

③加入豌豆苗，煮至断生，捞出，沥干水分。

④将焯好的食材装入碗中，放入蒜末、生抽、鸡粉、盐。

⑤淋入芝麻油，用筷子搅拌均匀，盛出，装入盘中即可。

🌱 调理功效

风湿性关节炎患者常受病痛折磨，长期以药物为伴，故饮食宜清淡，适合食用本品。

扫一扫看视频

花豆炖牛肉

- ●材料　牛肉160克，水发花豆120克，姜片少许

- ●调料　盐2克，鸡粉3克，料酒6毫升，生抽4毫升，食用油适量

●做法

① 将洗净的牛肉切条，改切块。

② 锅中注入适量清水烧开，倒入牛肉，煮沸，汆去血水。

③ 把牛肉捞出，沥干水分，装入盘中，待用。

④ 用油起锅，放入姜片，爆香，倒入牛肉，炒匀。

⑤ 放入料酒、生抽、清水，加入花豆，放入盐。

⑥ 加盖，用大火烧开后再转小火炖2个小时。

⑦ 揭盖，放入鸡粉，炒匀，将菜肴盛出装盘即可。

扫一扫看视频

调理功效

花豆含有蛋白质、维生素B₁、维生素B₂、钙等营养成分，具有健脾壮肾、增强食欲、抗风湿等作用。

豉汁蒸马头鱼

扫一扫看视频

●材料　马头鱼500克，姜丝、葱丝、红椒丝、香葱条、姜片各少许

●调料　蒸鱼豉油10毫升，食用油适量

●做法

① 将香葱条摆在盘子中。

② 放上处理好的马头鱼，再放上姜片，备用。

③ 蒸锅上火烧开，放入马头鱼。

④ 盖上锅盖，用大火蒸15分钟至其熟透。

⑤ 揭开锅盖，取出蒸好的鱼。

⑥ 拣去姜片和香葱条，摆上葱丝、姜丝、红椒丝。

⑦ 倒入蒸鱼豉油，锅中注油烧热，浇在鱼身上即可。

 调理功效

马头鱼可用于美容瘦身、软化血管、增强免疫力等，还能在一定程度上缓解骨关节摩擦疼痛。

Part 3

提升身体自愈力
——中老年人夏季养生与防病食谱

　　苦夏漫长，既是头晕、胸闷、烦躁、疲乏、食欲不振等不适症状的频发期，也是肠胃炎、腹痛等疾病的多发期。此时，利用饮食为中老年人"清"补，不仅能清热解暑、除烦去躁，还有助于提升身体自愈力，预防多种疾病的发生。

中老年人夏季养生，"清""苦"一夏

随着夏天的到来，气温逐渐上升，人体的阳气也开始旺盛起来，形成阳气外发、阴气在内的生理状态。此时要顺应自然，注意养生，通过饮食进行"清"补，可宣发体内阳气，对中老年人防病健身、延年益寿大有裨益。

◎ 中老年人夏季养生饮食原则

【多吃养心去火的食物】夏季天气炎热，高温不仅给人带来身体不适，人的情绪也常常受影响，变得烦躁、苦闷、易怒，这是由于气温过高引发的心火旺盛所致。中老年人若情绪波动太大，容易导致血压升高、心律失常甚至猝死等现象。因此夏季宜常食一些养心去火的食物，如茯苓、莲子、百合、藕粉、鸭肉、苦瓜、西瓜等，不仅清热祛暑，还能安神宁志。

【多吃富含钾的食品】夏天人体出汗比较多，人体中的钾离子随汗液的流失而减少，人们常常出现倦怠无力、气虚体乏、食欲不振、头晕等现象。为此，可多补充一些富含钾的新鲜蔬菜，如大葱、卷心菜、西蓝花等，也可适量吃些草莓、荔枝、李子等水果。

【科学补充水分】夏季中老年人受天气影响，水分流失比较多，不仅易造成脱水、中暑等现象，还容易增加血液黏稠度，增加患上心脑血管疾病的风险，对老年人健康尤为不利。因此，老年人应注意及时补充水分，应采取少量多饮的方法，每日要补充2500毫升左右的水，以温开水或淡盐水为佳。也可以适量喝些清热解暑的冷饮，如绿豆汤、酸梅汤、菊花茶等，不但可以解渴祛暑，还可以增加中老年人的食欲。

【多吃新鲜蔬菜】新鲜蔬菜是夏季饮食不可或缺的一部分。它可以为人体提供丰富的维生素C、矿物质、膳食纤维和水分，有降糖、降压、降脂等功效，还能生津止渴、润肠通便，对中老年人身体健康十分有益。中老年人可常吃些黄瓜、丝瓜、南瓜、苦瓜等富含维生素C的蔬菜，增强人体免疫力。还可以适当吃些有"杀菌"功效的蔬菜，如大蒜、韭菜、洋葱等。

【注意饮食卫生】夏季天气炎热，较高的温度和湿度加快了微生物的繁殖速度，食物容易腐败变质，易引发细菌性食物中毒和肠道传染病。因此，中老年人应高度注意饮食卫生，谨防食物中毒。蔬菜水果一定要清洗干净再吃，肉类食品要注意保鲜防腐。日常膳食最好现做现吃，厨房用具记得及时清洁和消毒。外出就餐，宜选择卫生条件好、有食品卫生许可证的餐厅，少去路边摊。

◎ 中老年人夏季食补秘籍

夏季天气炎热，暑气侵袭，人们在夏季常会出现各种不适症状，体质较差的中老年人尤其如此。中老年人在"清补"的饮食基础上，根据自身情况适当进补，可帮助老年人安然度过"苦夏"。

【脾虚者】宜选择赤豆、薏米、冬瓜、百合、绿豆等食物。

【食欲不振者】可多吃些苦味食物，如苦瓜、莴笋、芹菜、杏仁、苦菜等。

【湿气内滞者】可常吃清热利湿的食物，如薏米、黄瓜、黄花菜、黑木耳、西红柿、山药等。

【消化不良者】宜适量吃些大麦、扁豆、白菜、豆芽、西红柿、猕猴桃等。

【血压升高者】宜多吃绿叶蔬菜，如菠菜、上海青、小白菜、生菜、西蓝花等，少吃油腻辛辣的食物，出汗后及时补充水分。

◎ 中老年人夏季日常保健

【要静心养气】夏天中老年人易感到烦躁不安，因此夏季要"养心"。应戒燥戒怒、静心养气，若情绪过分激动，易生肝火，影响脾胃，从而引起疾病。中老年人要积极调适情绪，尽可能保持精神宁静、心情舒畅。气温过高时最好减少外出，以免损伤心阴。

【晚睡早起】夏季日照时间延长，昼长夜短更明显，为顺应自然界阳盛阴虚的变化，睡眠方面也要相应调整，以晚睡早起较为适合。中老年人宜晚上10点之前就寝，早上6点左右起床。中午小睡一会儿，对中老年人保持精神旺盛很有好处。午睡时间一般以半小时为佳。

午睡醒后不要立即起床，因为此时脑部供血量不足，会出现短暂的脑功能紊乱，使人感到头昏脑涨，最好静躺10分钟后再起床。

【谨防中暑】中老年人要避免在烈日下长时间劳作或奔走，尤其在上午10点半到下午3点半这个时间段。外出时，要做好遮光防晒工作，可选用遮阳伞、太阳镜、防晒霜等来防晒，还可以带上藿香正气水、清凉油等防暑药物以备不时之需。居室内要经常通风，保持空气清新。可常在室内洒些清水，既降温又能调节湿度。穿衣宜选择轻、薄的棉纺织品。在出汗较多时要及时补充水分，避免因体液大量流失而造成的虚脱、休克、中暑等现象。

夏季食谱推荐

扫一扫看视频

🍵 调理功效

黄瓜有清热利湿、解毒消肿、生津止渴的功效，尤适宜在夏季食用。

推荐食谱 ## 茄汁黄瓜

●材料　黄瓜120克，西红柿220克
●调料　白糖5克

●做法
①洗净的西红柿表皮划上十字刀。
②锅中注水烧开，放入西红柿，稍用水烫一下，关火后将西红柿捞出，装入盘中，剥去西红柿的表皮。
③将黄瓜放在砧板上，旁边放置一支筷子，切黄瓜但不完全切断。
④用手稍压一下，使其片状呈散开状，将切好的黄瓜摆放在盘子中备用。
⑤将西红柿切成瓣，摆放在黄瓜上面，撒上白糖即可。

推荐食谱 ## 蒜泥海带丝

●材料　水发海带丝240克，胡萝卜45克，熟白芝麻、蒜末各少许
●调料　盐2克，生抽4毫升，陈醋6毫升，蚝油12克

●做法
①将洗净去皮的胡萝卜切薄片，再切细丝，备用。
②锅中注水烧开，放入海带丝，用大火煮约2分钟，捞出，沥干待用。
③取1个大碗，放入焯好的海带丝，撒上胡萝卜丝、蒜末。
④加入盐、生抽，放入蚝油，淋上陈醋，搅拌均匀，至食材入味。
⑤另取1个盘子，盛入拌好的菜肴，撒上熟白芝麻即成。

扫一扫看视频

🍵 调理功效

海带富含不饱和脂肪酸，能预防血管硬化，中老年人夏季常吃可预防心血管疾病。

胡萝卜凉薯片 _{推荐食谱}

扫一扫看视频

- **材料** 去皮凉薯200克，去皮胡萝卜100克，青椒25克
- **调料** 盐、鸡粉各1克，蚝油5克，食用油适量

- **做法**

① 洗净的凉薯切片；洗好的胡萝卜切段，切薄片。

② 洗净的青椒去柄，切开，去籽，切成块。

③ 热锅注油，倒入切好的胡萝卜，炒拌，放入切好的凉薯，炒约2分钟至食材熟透。

④ 倒入切好的青椒，加入盐、鸡粉，炒拌。

⑤ 注入少许清水，炒匀，放入蚝油，翻炒至入味。

⑥ 关火后将菜肴盛出，装盘即可。

调理功效

凉薯含有人体所必需的钙、铁、锌等多种元素，中老年人在夏季食用有预防血压升高的功效。

生菜苦瓜沙拉

●材料　苦瓜、生菜各100克，胡萝卜80克，熟白芝麻5克，柠檬片适量

●调料　白醋4毫升，橄榄油10毫升，盐2克，白糖少许

●做法

①洗净的苦瓜切开，去籽，切片，再切成丝。

②洗净去皮的胡萝卜切片，改切成丝；洗好的生菜切开，切丝，待用。

③锅中注入适量清水，用大火烧开，放入苦瓜，加入盐，煮至断生。

④将苦瓜捞出，放入凉水中过凉，捞出，沥干水分。

⑤将苦瓜装入碗中，放入胡萝卜、生菜，搅匀，加入盐、白糖、白醋、橄榄油，搅匀。

⑥在盘中摆上柠檬片，倒入之前拌好的食材。

⑦再撒上熟白芝麻即可。

扫一扫看视频

调理功效

苦瓜中富含维生素，口感苦中回甜，可增进食欲，是夏季特别受人们喜爱的佳疏。

推荐食谱 海带拌腐竹

- ●材料　水发海带120克，胡萝卜25克，水发腐竹100克
- ●调料　盐2克，鸡粉少许，生抽4毫升，陈醋7毫升，芝麻油适量
- ●做法

①将洗净的腐竹切段，洗好的海带切细丝，洗净去皮的胡萝卜切丝。

②锅中注水烧开，放入腐竹段，拌匀，煮至断生后捞出，待用。

③沸水锅中再倒入海带丝，用中火煮约2分钟，捞出，沥干水分，待用。

④取1个大碗，倒入腐竹段、海带丝、胡萝卜丝，拌匀。

⑤加盐、鸡粉、生抽、陈醋、芝麻油，拌至食材入味，将拌好的菜肴盛入盘中即成。

调理功效

扫一扫看视频

腐竹含有纤维素、维生素E、钙等成分，具有补钙、开胃消食等作用。

推荐食谱 柠檬沙拉

- ●材料　柠檬50克，雪梨250克，苹果300克，葡萄少许
- ●调料　蜂蜜适量

- ●做法

①洗净的苹果去皮，去核，切成块。

②洗好的雪梨去皮，去籽，切成块。

③取1个碗，放入雪梨、苹果，再挤入柠檬汁。

④倒入蜂蜜，搅拌均匀，将挤过汁的柠檬切片，摆放在盘子周围。

⑤将拌好的沙拉倒在盘子中，用切好的葡萄做装饰即可。

调理功效

扫一扫看视频

柠檬口感酸爽，可开胃消食，中老年人在夏季胃口不佳时可适量食用。

西红柿炒花菜

推荐食谱

扫一扫看视频

● **材料** 花菜250克，西红柿120克，红椒10克

● **调料** 盐、鸡粉各2克，白糖4克，水淀粉6毫升，食用油适量

● **做法**

①洗净的花菜切小朵，洗好的西红柿切小瓣。

②洗净的红椒切开，去籽，切成片。

③锅中注水烧开，倒入花菜，淋入食用油，煮至断生。

④放入红椒，拌匀，略煮，捞出焯好的材料，沥干。

⑤用油起锅，倒入焯过水的材料，放入西红柿，用大火快炒。

⑥加盐、鸡粉、白糖、水淀粉，炒至入味，盛出即成。

调理功效

西红柿含有大量的钾，有助于尿液的形成，帮助排除体内热量，从而达到消暑降温的效果。

推荐食谱 活豆腐

- ●材料　豆腐170克，水发黄花菜40克，瘦肉90克，水发木耳50克，葱花、蒜末、姜末各少许
- ●调料　盐、鸡粉各2克，老抽2毫升，生抽6毫升，水淀粉4毫升，食用油适量

●做法

①备好的豆腐切段，洗净的瘦肉用横刀切丝。

②泡发好的黄花菜切去根部，拦腰切长段；泡发好的木耳切碎，待用。

③热锅注油烧热，倒入肉丝，炒至转色，加入姜末、蒜末，翻炒出香味。

④放入黄花菜、木耳碎，翻炒均匀，淋入生抽，略炒，加入少许清水。

⑤倒入豆腐，炒匀，加入盐，翻炒匀，盖上盖，大火煮开后转小火煮8分钟。

⑥掀开盖，加入鸡粉，稍稍搅拌，淋入老抽，稍煮。

⑦倒入水淀粉，稍稍翻炒匀，将炒好的豆腐盛入碗中，撒上葱花即可。

🍃 调理功效

豆腐含有丰富水分，其中的水溶性营养素较丰富，中老年人夏季食用可补充身体流失的水分及营养素。

扫一扫看视频

🍃 调理功效

豆腐皮所含的植物蛋白丰富，是中老年人的健康食品，口味浓淡皆宜，可开胃消食。

豆腐皮卷

●材料　油豆腐皮150克，去皮芦笋80克，去皮胡萝卜70克，素高汤150毫升

●调料　盐、鸡粉各1克

●做法

①洗净去皮的胡萝卜切成2段；洗净去皮的芦笋并排放好，切成均等的3段。

②洗好的豆腐皮摊开，从中间切开，重叠再从中间切开，最后一次重叠从中间切成方形豆腐皮。

③取1张豆腐皮，放上1根胡萝卜条和1根芦笋段，卷起豆腐皮，用牙签固定好，装盘待用。

④锅置火上，倒入素高汤、豆腐皮卷，加盐、鸡粉，大火煮10分钟。

⑤关火盛出豆腐皮卷，淋入汤汁即可。

🍃 调理功效

油豆腐含不饱和脂肪酸、钙及磷脂等成分，中老年人夏季食用有助于维持体内钾钠平衡。

凉拌油豆腐

●材料　油豆腐110克，香菜、姜末、葱花各少许

●调料　盐、鸡粉各1克，生抽、芝麻油各5毫升

●做法

①油豆腐对半切开。

②沸水锅中倒入切好的油豆腐，汆约1分钟至熟。

③捞出汆好的油豆腐，沥干水分，装盘，放凉待用。

④将放凉的油豆腐装入碗中，放入姜末、葱花。

⑤加入盐、鸡粉、生抽、芝麻油，搅拌均匀，将拌匀的油豆腐装盘，放上香菜即可。

推荐食谱 肉末青茄子

- **材料** 青茄子280克，肉末80克，葱段、蒜末各少许
- **调料** 盐、鸡粉各3克，水淀粉、生抽各5毫升，食用油适量

- **做法**

①洗净的青茄子去柄，对半切开，切成若干瓣，切成小块。

②热锅注油烧热，倒入肉末，翻炒一会儿，炒至转色。

③倒入葱段、蒜末，爆香，倒入青茄子，炒匀。

④加入生抽，注入50毫升的清水，翻炒均匀。

⑤加入盐，搅拌片刻，加盖，小火焖5分钟。

⑥揭盖，加入鸡粉、水淀粉，充分拌匀至收汁入味，关火后将菜肴盛出，装入盘中即可。

🌿 调理功效

青茄子含有丰富的维生素E、维生素P等营养素，有抗衰老的作用，适合中老年人食用。

扫一扫看视频

推荐食谱 四季豆烧排骨

- ●材料　去筋四季豆200克，排骨300克，姜片、蒜片、葱段各少许
- ●调料　盐、鸡粉各1克，生抽、料酒各5毫升，水淀粉、食用油各适量

●做法

①洗净的四季豆切段，沸水锅中倒入洗好的排骨，汆去血水及脏污。

②捞出汆好的排骨，沥干水分，装入盘中，待用。

③热锅注油，倒入姜片、蒜片、葱段，爆香，倒入汆好的排骨，稍炒均匀。

④加入生抽、料酒，将食材翻炒均匀，注入适量清水，拌匀，倒入切好的四季豆，炒匀。

⑤加盖，用中火焖15分钟，至食材熟软入味。

⑥揭盖，加入盐、鸡粉，炒匀。

⑦用水淀粉勾芡，将食材炒至收汁，关火后盛出菜肴，装盘即可。

🌾 调理功效

四季豆含有丰富的叶酸、B族维生素等，夏季食用可调和脏腑、益气健脾、消暑化湿。

茶树菇蒸牛肉

- ●材料　水发茶树菇250克，牛肉330克，姜末、蒜末各少许
- ●调料　蚝油8克，胡椒粉、盐各2克，料酒、水淀粉各4毫升，食用油适量
- ●做法
①泡发好的茶树菇去根，牛肉切成片。
②牛肉装碗，加料酒、姜末、胡椒粉，放入蚝油、水淀粉、盐、食用油，拌匀腌渍10分钟。
③锅中注水烧开，倒入茶树菇，汆去杂质，捞出，沥干水分，待用。
④取1个蒸碗，摆放上茶树菇，倒入腌渍好的牛肉，撒上蒜末，待用。
⑤蒸锅注水烧开，放入蒸碗，蒸熟，取出即可。

🍴 调理功效

扫一扫看视频

茶树菇是高蛋白、低脂肪的纯天然食用菌，有健脾止泻、延缓衰老、增强免疫力之效。

鸡蓉拌豆腐

- ●材料　豆腐200克，熟鸡胸肉25克，香葱少许
- ●调料　白糖2克，芝麻油5毫升
- ●做法
①洗净的香葱切小段，洗好的豆腐切成小丁。
②将熟鸡胸肉切片，再切条，改切成碎末，备用。
③沸水锅中倒入切好的豆腐，略煮一会儿，去除豆腥味。
④捞出焯好的豆腐，沥干水分，装入盘中备用。
⑤取1个碗，倒入备好的豆腐、鸡蓉、葱花，加入白糖、芝麻油，稍微搅拌匀，将拌好的菜肴装入盘中即可。

🍴 调理功效

扫一扫看视频

鸡胸肉和豆腐均富含蛋白质，搭配制成拌菜，营养更易吸收，具有清热润燥的功效。

酱汁鹌鹑蛋

推荐食谱

扫一扫看视频

●材料　鹌鹑蛋300克
●调料　白糖35克，老抽4毫升，生抽7毫升，盐2克，食用油适量

●做法
①锅中注水烧开，倒入洗净的鹌鹑蛋，拌匀，煮至熟。
②将鹌鹑蛋捞出，放入凉水中放凉，将放凉的鹌鹑蛋去壳，待用。
③用牙签将鹌鹑蛋2个1串串起来，制成小串。
④热锅注油烧热，倒入清水、白糖，炒制成枣红色。
⑤注入清水，加入老抽、生抽、盐、鹌鹑蛋，搅片刻。
⑥煮开后转小火焖至入味，捞出，浇上卤汁即可。

🌾 调理功效

鹌鹑蛋对贫血、高血压、血管硬化等病症者有调补作用，中老年人适量食用，有助于防病强身。

推荐食谱 炙烤鲈鱼

- ●材料　鲈鱼400克，大葱段40克，姜片少许
- ●调料　盐2克，料酒5毫升，食用油适量
- ●做法

①洗净的鲈鱼两面切上一字花刀。

②取1个盘，放入鲈鱼，放入盐、料酒，腌渍10分钟待用。

③取烤盘，铺上锡纸，刷上食用油，放上部分大葱段、姜片、鲈鱼，在鲈鱼身上再放上剩余的大葱段、姜片，再刷上一层食用油。

④取烤箱，放入烤盘，关好箱门，将上火温度调至200℃，选择"炉灯"功能，再将下火温度调至200℃，功能选择"热用"，烤10分钟。

⑤打开箱门，将烤好的鲈鱼装盘即可。

🍴 调理功效

鲈鱼肉所含的蛋白质容易消化，是夏季里健身补血、健脾益气、益体安康的佳品。

扫一扫看视频

推荐食谱 柠檬蒸乌头鱼

- ●材料　乌头鱼400克，香菜15克，柠檬30克，红椒25克
- ●调料　鱼露25毫升
- ●做法

①洗好的红椒切圈，洗净的香菜切末，洗好的柠檬切片。

②处理干净的乌头鱼斩去鱼鳍，从背部切开。

③在碗中倒入适量鱼露，放入柠檬片、红椒，调成味汁。

④取1个蒸盘，放入乌头鱼，撒上香菜，放上余下的柠檬片，摆好红椒圈，待用。

⑤蒸锅上火烧开，放入蒸盘，盖上盖，蒸15分钟；揭盖，取出乌头鱼，撒上余下的香菜即可。

🍴 调理功效

用柠檬蒸乌头鱼有口感清爽、营养易吸收的特点，特别适合在夏季食用。

扫一扫看视频

韭菜花炒河虾

推荐食谱

●材料　韭菜薹165克，河虾85克，红椒少许

●调料　蚝油4克，盐、鸡粉各少许，水淀粉、食用油各适量

●做法

①将洗净的红椒切粗丝。

②洗好的韭菜薹切长段。

③用油起锅，倒入备好的河虾，炒匀，至其呈亮红色。

④放入红椒丝，翻炒匀，倒入切好的韭菜薹。

⑤用大火翻炒，至其变软，加入少许盐、鸡粉、蚝油。

⑥再用水淀粉勾芡，至食材入味。

⑦关火后盛出炒好的菜肴，装在盘中，即可食用。

扫一扫看视频

🥄 调理功效

韭菜薹含有膳食纤维、铁、锌等营养成分，可养心健脾、促进消化，适宜夏季食欲不佳的老年人食用。

推荐食谱 西红柿豆芽汤

- ●材料　西红柿50克，绿豆芽15克
- ●调料　盐2克

●做法

①洗净的西红柿切成瓣，待用。

②砂锅中注入适量清水，用大火烧热。

③倒入西红柿、绿豆芽，加入少许盐，

搅拌匀。

④略煮一会儿至食材入味。

⑤关火后将煮好的汤料盛入碗中即可。

🍴 调理功效

西红柿和绿豆芽均为养心去火的食材，在夏季食用有健胃消食、清热解毒的功效。

扫一扫看视频

推荐食谱 马齿苋薏米绿豆汤

- ●材料　马齿苋40克，水发绿豆75克，
　　　　水发薏米50克
- ●调料　冰糖35克

●做法

①将洗净的马齿苋切段，备用。

②砂锅中注入适量清水烧热，倒入备好的薏米、绿豆，拌匀。

③盖上盖，烧开后用小火煮约30分钟；揭盖，倒入马齿苋，拌匀。

④盖上盖，用中火煮约5分钟。

⑤揭盖，倒入冰糖，拌匀，煮至溶化，关火后盛出煮好的汤料即成。

🍴 调理功效

薏米是营养丰富的夏季消暑佳品，可以消除湿热，驱除体内的湿气。

扫一扫看视频

推荐食谱 红腰豆莲藕排骨汤

扫一扫看视频

●材料　莲藕330克，排骨480克，红腰
豆100克，姜片少许

●调料　盐3克

●做法

①洗净去皮的莲藕切成块状，待用。

②锅中注水烧开，倒入排骨，搅匀，氽片刻。

③将排骨捞出，沥干水分，待用。

④砂锅中注入适量清水烧热，倒入排骨、莲藕、红腰
豆、姜片，搅拌匀。

⑤盖上锅盖，煮开后转小火煮2小时至熟透。

⑥掀开锅盖，加盐调味，将排骨盛入碗中即可。

调理功效

排骨富含钙，搭配莲藕、红腰豆煮汤，有养心润
肺、预防中老年人骨质疏松的作用。

玉竹菱角排骨汤

- ●材料　排骨500克，水发黄花菜、菱角各100克，花生50克，玉竹20克，姜片、葱段各少许
- ●调料　盐3克

●做法

①锅中注入适量的清水，大火烧开。

②倒入排骨，汆去血水杂质，将排骨捞出，沥干水分。

③砂锅中注入适量的清水大火烧开，倒入排骨、菱角、花生、玉竹、姜片、葱段，搅拌片刻。

④盖上锅盖，用大火烧开后转小火煮1个小时；掀开锅盖，放入黄花菜，搅拌均匀。

⑤盖上锅盖，续煮30分钟。

⑥掀开锅盖，加入少许盐，搅拌片刻，将煮好的汤盛出装入碗中即可。

调理功效

菱角含有胡萝卜素、维生素C、钙、烟酸等成分，具有养气健脾、增强免疫力、排毒通便的功效。

扫一扫看视频

薄荷椰子杏仁鸡汤

- **材料** 鸡腿肉250克，椰浆250毫升，杏仁5克，薄荷叶少许
- **调料** 盐、鸡粉各2克，料酒适量
- **做法**

①洗净的薄荷叶切碎。

②锅中注入适量清水烧开，倒入鸡肉块，淋入料酒，拌匀，略煮一会儿，捞出待用。

③砂锅中注入适量清水烧开，倒入备好的椰浆、鸡肉、杏仁、薄荷叶，拌匀，淋入少许料酒。

④盖上盖，用大火煮开后转小火煮1小时至食材熟透。

⑤揭盖，加入盐、鸡粉，拌匀调味，关火后盛出煮好的汤料，装入碗中即可。

扫一扫看视频

调理功效

鸡腿肉富含的蛋白质易被人体吸收，加入薄荷叶还有开胃消食、清凉下热的作用。

红豆鸭汤

- **材料** 水发红豆250克，鸭腿肉300克，姜片、葱段各少许
- **调料** 盐、鸡粉各2克，胡椒粉、料酒各适量
- **做法**

①锅中注入适量清水烧开，倒入鸭腿肉，淋入料酒，汆去血水。

②捞出汆好的鸭腿肉，沥干水分，装入盘中，备用。

③砂锅中注水烧开，倒入备好的红豆、鸭腿，放入姜片、葱段，淋入料酒。

④盖上盖，用大火煮开后转小火煮1小时至食材熟透。

⑤揭盖，放入盐、鸡粉、胡椒粉，拌匀调味，关火后盛出煮好的汤料，装入碗中即可。

扫一扫看视频

调理功效

鸭肉具有益气补血、养胃生津、清热健脾等功效，尤其适合在夏季食用。

推荐食谱 凉薯胡萝卜鲫鱼汤

- ●材料　鲫鱼600克，去皮凉薯250克，去皮胡萝卜150克，姜片、葱段、罗勒叶各少许
- ●调料　盐2克，料酒5毫升，食用油适量

●做法

①洗净的胡萝卜切滚刀块；洗好的凉薯切开，切滚刀块。

②在洗净的鲫鱼身上划四道口子，往鱼身上放入盐、料酒，腌渍5分钟。

③热锅注油，放入腌好的鱼，煎约2分钟至两面微黄。

④加入备好的姜片、葱段，爆香，注入适量清水。

⑤放入切好的凉薯、胡萝卜，加入盐，拌匀。

⑥加盖，用中火焖1小时，至全部食材入味。

⑦揭盖，盛出鲫鱼，装在盘中，盛入汤汁，用罗勒叶点缀即可。

🍵 调理功效

鲫鱼具有补脾开胃、利水除湿、养生健脾、保健大脑等功效，是中老年人夏季滋补的首选食材。

扫一扫看视频

🥄 土茯苓鳝鱼汤

- ●材料　鳝鱼段300克，土茯苓、赤芍、姜片、当归各少许
- ●调料　料酒5毫升，盐、鸡粉各2克

●做法

①砂锅中注入适量清水烧热，倒入备好的土茯苓、赤芍、姜片、当归。

②放入鳝鱼段，淋入料酒。

③盖上盖，烧开后用小火煮约20分钟。

④揭开盖，加入盐、鸡粉、料酒，拌匀调味。

⑤关火后盛出煮好的汤料即可。

🍵 调理功效

鳝鱼所含的鳝鱼素，能调节血糖，加之所含脂肪极少，特别适合中老年人食用。

🥄 山药薏米虾丸汤

- ●材料　虾丸250克，山药50克，水发薏米30克，葱花少许
- ●调料　盐、鸡粉各2克，胡椒粉适量

●做法

①备好的虾丸对半切开，在两面打上网格花刀。

②洗净去皮的山药对切开，切成段，再切块。

③锅中注入适量的清水烧开，放入山药，再加入虾丸、薏米，搅拌片刻。

④盖上锅盖，煮开后转小火煮30分钟。

⑤揭开锅盖，放入盐、鸡粉、胡椒粉，搅拌调味，将煮好的汤盛出装入碗中，撒上葱花即可。

🍵 调理功效

山药的黏液有保护胃壁的功效，能促进食欲，搭配利水除湿的薏米，适合脾胃不佳者。

鱼丸清汤面 推荐食谱

扫一扫看视频

● 材料　面块110克，鱼丸85克，白菜100克，葱花、姜片各少许

● 调料　盐、鸡粉、胡椒粉各2克，芝麻油5毫升

● 做法

① 洗净的鱼丸对切开，切上十字花刀。

② 洗净的白菜切丝，待用。

③ 沸水锅中倒入鱼丸、姜片、面块，煮至食材熟软。

④ 再倒入白菜丝，拌匀。

⑤ 撒上盐、鸡粉、胡椒粉，拌匀，再淋上芝麻油，拌匀入味。

⑥ 关火后盛入碗中，撒上葱花即可。

调理功效

白菜含有膳食纤维、钙等营养成分，中老年人夏季食用可养胃生津、除烦解渴、利尿通便。

推荐
食谱 **丝瓜排骨粥**

扫一扫看视频

●材料　猪骨、大米各200克，丝瓜100克，虾仁15克，水发香菇5克，姜片少许

●调料　料酒8毫升，盐、鸡粉、胡椒粉各2克

●做法

①洗净去皮的丝瓜切滚刀块，洗好的香菇切成丁。

②锅中注水烧开，倒入洗净的猪骨、料酒，氽去血水。

③将焯好的排骨捞出，沥干水分，待用。

④砂锅注水烧热，倒入猪骨、姜片、大米、香菇，搅匀。

⑤盖上锅盖，烧开后转中火煮45分钟；揭开锅盖，倒入备好的虾仁，搅匀，续煮15分钟。

⑥倒入丝瓜，加盐、鸡粉、胡椒粉，拌至入味即可。

调理功效

丝瓜富含水分和维生素，猪骨、虾仁富含钙，搭配煮粥既富有营养又开胃，夏季可常食。

鸡汤油条豆腐脑

推荐食谱

●材料　豆腐花300克，油条15克，鸡
　　　　汤200毫升，香菜、胡萝卜粒
　　　　各少许

●调料　盐2克，生抽5毫升

●做法

①将洗净的香菜切成碎末，装入碗中，备用。

②将备好的油条切成大小均等的小块，待用。

③取1个干净的碗，倒入适量鸡汤。

④放入适量豆腐花。

⑤放上油条、香菜。

⑥加入少许胡萝卜粒做装饰。

⑦再倒入适量盐，淋上少许生抽，搅拌匀即可。

调理功效

豆腐花含有优质蛋白质、膳食纤维钙、铁及维生素E等成分，有益气补血、清热消暑、生津止渴之效。

扫一扫看视频

紫薯山药豆浆

● 材料　水发黄豆120克，山药65克，
　　　　紫薯70克

● 做法

① 去皮洗净的山药切丁。

② 去皮洗净的紫薯切小块。

③ 取备好的豆浆机，倒入之前浸泡好的黄豆。

④ 放入切好的紫薯和山药。

⑤ 豆浆机中注入适量的清水，至水位线即可。

⑥ 盖上豆浆机机头，启动豆浆机，待其运转约15分钟，即成豆浆。

⑦ 断电后取下机头，倒出豆浆，装入碗中即可。

🌱 调理功效

本品具有健脾养胃、防癌抗癌、增强免疫力等功效，非常适宜夏季脾胃不好的的中老年人食用。

柠檬苹果莴笋汁
推荐食谱

- **材料** 柠檬70克，莴笋80克，苹果150克
- **调料** 蜂蜜15毫升
- **做法**

①洗净的柠檬切成片，洗净去皮的莴笋切成丁。

②洗好的苹果对半切开，切瓣，去核，再切小块，备用。

③取榨汁机，选择搅拌刀座组合，倒入切好的苹果、柠檬、莴笋。

④加入少许矿泉水，盖上盖，选择"榨汁"功能，榨取蔬果汁；揭开盖，加入蜂蜜。

⑤再盖上盖，继续搅拌片刻；揭开盖，将榨好的蔬果汁倒入杯中即可。

🍃 **调理功效**

莴笋富含钾，中老年人食用，有助于保持体内的水盐代谢平衡，还可强心、利尿、消暑。

扫一扫看视频

芹菜苹果汁
推荐食谱

- **材料** 苹果100克，芹菜90克
- **调料** 白糖7克
- **做法**

①将洗净的芹菜切粒状；洗净的苹果切开，去除果核，改切成小瓣，再把果肉切小块。

②取榨汁机，选择搅拌刀座组合，倒入切好的食材。

③注入少许矿泉水，盖上盖，通电后选择"榨汁"功能，榨一会儿，使食材榨出果汁。

④揭开盖，加入白糖，盖好盖，再次选择"榨汁"功能，搅拌一会儿，至糖分溶化。

⑤断电后倒出榨好的苹果汁，装入碗中即成。

🍃 **调理功效**

苹果润肺养胃、生津止渴，芹菜中的膳食纤维可预防便秘，适宜夏季消化不良者食用。

扫一扫看视频

推荐食谱 苦瓜芹菜黄瓜汁

扫一扫看视频

●材料　苦瓜150克，黄瓜120克，芹菜60克

●调料　蜂蜜15毫升

●做法

①洗好的黄瓜切丁，洗净的苦瓜去籽切丁，芹菜切段。

②锅中注水烧开，放入苦瓜丁、芹菜，煮后捞出。

③取榨汁机，选搅拌刀座组合，倒入黄瓜、苦瓜、芹菜。

④注入适量矿泉水，盖上盖，选择"榨汁"功能，榨取蔬菜汁。

⑤揭开盖，加入蜂蜜，再次选择"榨汁"功能，搅拌匀，倒入杯中即可。

调理功效

苦瓜性寒味苦，有清热解毒、解劳清心的功效，中老年人在夏季常食可预防中暑、增进食欲。

鱼腥草红枣茶

●材料　鱼腥草100克，红枣20克

●做法
①洗好的鱼腥草切成段，备用。
②砂锅中注入适量清水烧开，放入切好的鱼腥草，倒入洗净的红枣。
③盖上盖，烧开后转小火煮15分钟。
④揭开盖，搅拌片刻使药性完全析出。
⑤关火后将煮好的茶盛入碗中，待稍微冷却后即可饮用。

扫一扫看视频

🌿 调理功效

鱼腥草适宜夏季食用，能清热解毒、利尿除湿、健胃消食，搭配红枣，还能预防贫血。

鱼腥草山楂饮

●材料　鱼腥草50克，干山楂20克
●调料　蜂蜜10克

●做法
①砂锅中注入适量清水烧开。
②倒入洗净的鱼腥草、干山楂。
③盖上盖，用小火炖20分钟，至其析出有效成分。
④关火后揭开盖，盛出煮好的药茶，装入碗中。
⑤加入适量蜂蜜，调匀。
⑥将药茶静置一会儿，待稍微放凉后即可饮用。

🌿 调理功效

山楂可健脾开胃，还有预防高血压的作用，搭配鱼腥草煮茶，是中老年人健康的养生食材，可长期饮用。

急性肠胃炎

夏季是急性肠胃炎的高发期。由于气温高，食物容易变质或滋生有害菌，加之中老年人生理退化，胃肠道的运动、吸收功能减退，抵抗力降低，容易患急性肠胃炎。

预防急性肠胃炎的关键营养素

【维生素D】维生素D在人体内主要参与钙、磷代谢的调节，且维生素D可通过调节先天性免疫系统及固有免疫系统，增强肠道抗菌活性，预防胃肠道炎症。中老年人夏季可适当晒太阳，多吃三文鱼、沙丁鱼等鱼类补充维生素D。

【果胶】果胶可保护胃肠道黏膜免受粗糙食物的刺激，中老年人可通过食用南瓜、苹果等食物进行补充。

【磷脂】磷脂类物质可保护胃黏膜，增加胃内的酸度，抑制有害菌分解蛋白质产生毒素，同时使胃免遭毒素的侵蚀。中老年人平时可多吃酸奶、虾、鱼、核桃、花生等食物。

【低聚糖】低聚糖在肠道被双歧杆菌吸收利用后，可抑制外源致病菌和肠内固有腐败菌的增殖，减少有毒发酵产物及有害细菌的产生，起到改善肠道环境和保护肠道的作用。中老年人平时不妨多吃些玉米、洋葱、芦笋、蜂蜜、豆类及豆制品等食物。

合理膳食，远离急性肠胃炎

【注意营养平衡】夏季饮食中尽量注意荤素搭配，可保证摄取到充足的蛋白质、维生素以及矿物质，使胃肠道免受病毒的侵扰。

【多关注饮食卫生】气温高，食物搁置过久容易变质或滋生细菌，难免会吃坏肚子。即使是放在冰箱的食物，吃之前也要热一热。并且，冰箱内熟食和生食最好分开处理、存放，避免食用存放过久变质的肉类、海鲜，瓜果蔬菜食用前要彻底清洗。

【切勿暴饮暴食】暴饮暴食后，体内堆积的食物过多，一时间难以消化，食物中的细菌可能繁殖，或最初进食的部分食物已经变质，极易诱发急性肠胃炎。中老年人易定时定量进餐，做到饮食规律有节。

推荐食谱 藕粉糊

●材料　藕粉120克

●做法
①将藕粉倒入碗中，倒入少许清水，搅拌匀，调成藕粉汁，待用。
②砂锅中注入适量清水烧开。
③倒入调好的藕粉汁，边倒边搅拌，至其呈糊状。
④用中火略煮片刻。
⑤关火后盛出煮好的藕粉糊即可。

🍲 调理功效

藕粉含有鞣质，有一定健脾作用，能促进消化，对中老年养护肠胃有益。

扫一扫看视频

推荐食谱 菌菇蛋羹

●材料　香菇40克，鸡蛋液100克
●调料　盐、鸡粉各2克，食用油适量

●做法
①洗净的香菇去蒂切条，再切成丁。
②热锅注油烧热，倒入香菇，炒香，加入盐、鸡粉，翻炒片刻至入味，关火后盛出，待用。
③鸡蛋液搅散，倒入香菇，混匀；摆上电蒸笼，放入食材。
④盖上锅盖，调整旋钮调至15分钟时间刻度。
⑤待蒸好后，调整旋钮切断电源，掀开锅盖，将蒸蛋取出即可。

🍲 调理功效

香菇含有丰富的维生素D，具有健脾开胃的功效，可改善胃肠患者的症状。

扫一扫看视频

推荐食谱 银鱼豆腐面

● 材料　面条160克，豆腐80克，黄豆芽40克，银鱼干少许，柴鱼片汤500毫升，蛋清15克

● 调料　盐2克，生抽5毫升，水淀粉适量

● 做法

① 将洗净的豆腐切开，改切成小方块，备用。

② 锅中注入适量清水烧开，倒入备好的面条，搅匀，用中火煮约4分钟，至面条熟透。

③ 关火后捞出煮熟的面条，沥干水分，待用。

④ 另起锅，注入柴鱼片汤，放入洗净的银鱼干，拌匀，用大火煮沸，加入少许盐、生抽。

⑤ 倒入洗净的黄豆芽，放入豆腐块，拌匀，淋入适量水淀粉，拌匀，煮至食材熟透。

⑥ 倒入蛋清，边倒边搅拌，制成汤料。

⑦ 取1个汤碗，放入煮熟的面条，盛入锅中的汤料即成。

扫一扫看视频

🍵 调理功效

豆腐含有丰富的蛋白质、钙等，有一定的清洁肠胃的作用，适合肠胃不佳的老年人食用。

清炖鲢鱼

扫一扫看视频

●材料　鲢鱼肉320克，姜片、葱段、
　　　　葱花各适量
●调料　盐2克，料酒4毫升，食用油适量

●做法
①处理干净的鲢鱼肉切成块，待用。
②将鱼块装碗，加盐、料酒，腌渍约10分钟。
③锅置火上，注油烧热，放入鱼块，用小火煎出香味。
④翻转鱼块，煎至两面断生，放入姜片、葱段，注入适
　量清水。
⑤盖上盖，烧开后用小火炖约10分钟；揭盖，加入盐
　调味，关火后盛出炖好的鱼块，撒上葱花即可。

 调理功效

鲢鱼肉有一定的药用价值，可治脾胃虚弱，因
此，急性胃肠炎患者食用此汤有益。

腹泻

夏季是腹泻的高发季节。饮食不洁、自身抵抗力弱、消化不良等都会增加老年人腹泻的发病率。老年人急性腹泻容易出现电解质紊乱、低血糖、血容量不足等现象。因此，积极预防腹泻，对中老年人夏季养生非常重要。

预防腹泻的关键营养素

【维生素A】维生素A可维护上皮组织细胞的健康和促进免疫球蛋白的合成，防治因细菌侵染造成的各种感染，降低中老年人腹泻发生的可能性。蜂蜜、香蕉、胡萝卜、西蓝花、西红柿、芹菜、菠菜等食物中含有丰富的维生素A，中老年人可多食。

【锌】锌可以加速肠道黏膜的修复，提高细胞免疫力，提高对感染原的抵抗力，有效缓解因腹泻引起的各种不适症状。专家建议中老年人每日补充15毫克的锌。牡蛎、三文鱼、牛肉等食物中含有较为丰富的锌，老年人可适量食用补充。

【维生素B_3】研究表明，当人体缺乏维生素B_3时，会出现体重减轻、记忆力变差、口角炎、腹泻等不良反应。中老年人平时应适量食用新鲜蔬果，以补充维生素B_3。

合理膳食，远离腹泻困扰

【注意蛋白质的摄入】鸡肉、鱼肉、鸡蛋、豆腐等富含优质蛋白质的食物，容易消化吸收，且可补充人体缺少的营养。

【多吃健脾养胃食物】老年人脾胃功能减弱，消化吸收能力下降，夏季暑湿热邪容易侵袭脾胃，影响脾胃消化吸收功能，甚至引起腹泻。老年人在夏季不妨吃些薏米、苋菜、山药、鳝鱼等食物，健脾养胃。

【注意饮食卫生】夏季气温高，易滋生细菌，尽量不要吃隔夜食物，即便是从冰箱拿出来的食物，也最好热透之后再吃，新鲜瓜果需洗净后再吃，切勿喝生水或冰水，以免引起腹泻急性发作。

【忌食油腻、不易消化的食物】如油条、甜食等，进食过多可能诱发腹泻。

山药香菇鸡丝粥

推荐食谱

- ●材料　鸡胸肉120克，鲜香菇50克，山药65克，水发大米170克
- ●调料　盐2各，鸡粉3克，料酒5毫升，水淀粉适量
- ●做法

①洗净的香菇切条，洗好去皮的山药切成条形，洗净的鸡胸肉切丝。

②把鸡肉丝放入碗中，加盐、鸡粉、料酒、水淀粉，腌渍约10分钟。

③砂锅中注水烧开，倒入大米，拌匀，盖上盖，烧开后用小火煮约30分钟。

④揭盖，放入切好的山药、香菇，搅拌匀，再盖上盖，用小火续煮约15分钟。

⑤揭盖，放入鸡肉丝，拌匀，加入盐、鸡粉调味，续煮片刻，关火后盛出煮好的鸡丝粥即可。

 调理功效

本品含有优质蛋白质、钙、膳食纤维等多种营养素，容易腹泻者食用有健脾止泻的作用。

扫一扫看视频

鲈鱼西蓝花粥

推荐食谱

- ●材料　水发大米120克，鲈鱼150克，西蓝花75克，枸杞少许
- ●调料　盐、鸡粉各2克，水淀粉适量
- ●做法

①洗净的西蓝花切小朵；洗好的鲈鱼肉去除鱼骨，切成细丝。

②鱼肉丝装碗，加盐、鸡粉、水淀粉，拌匀，腌渍约10分钟。

③砂锅中注水烧开，倒入大米、枸杞，拌匀，盖上盖，大火烧开后用小火煮约30分钟。

④揭开盖，倒入西蓝花，拌匀，再盖上盖，用小火续煮约10分钟。

⑤揭开盖，放入鱼肉丝，搅拌匀，用大火煮至熟，关火后盛出煮好的粥，装入碗中即可。

 调理功效

鲈鱼富含优质蛋白质及B族维生素，可补充腹泻患者日常所需的营养物质。

扫一扫看视频

推荐食谱 鸡茸豆腐胡萝卜小米粥

扫一扫看视频

●**材料** 小米50克，豆腐、胡萝卜各30
克，鸡肉50克

●**调料** 盐适量

●**做法**

① 鸡肉切丁，豆腐切块，洗净去皮的胡萝卜切圆片。

② 电蒸锅注水烧开，将胡萝卜蒸13分钟，取出，压碎。

③ 将鸡肉、豆腐倒入搅拌杯，打碎装碗，加盐拌匀。

④ 往装小米的碗中注水洗净，再用清水泡30分钟。

⑤ 将鸡肉泥捏成丸子，装碗，用开水烫至半熟，捞出。

⑥ 奶锅注水烧热，倒入小米，小火煮20分钟，倒入胡萝卜碎、丸子，续煮2分钟，将粥盛出即可。

调理功效

豆腐、鸡肉可提供易吸收的蛋白质，而小米、胡萝卜有健脾的作用，尤其适合腹泻者食用。

蒸白菜肉丝卷

推荐食谱

- **材料** 大白菜叶350克，鸡蛋80克，水发香菇50克，胡萝卜60克，瘦肉200克
- **调料** 盐3克，鸡粉2克，料酒、水淀粉各5毫升，食用油适量

- **做法**

①洗好的瘦肉切丝，洗净去皮的胡萝卜切丝，泡发好的香菇切粗条。

②锅中注水烧开，倒入白菜叶，汆至断生，捞出，沥干水分；鸡蛋打入碗中，搅匀成蛋液。

③热锅注油烧热，倒入蛋液，摊开，煎至成蛋皮，盛出，再切成细丝，待用。

④另起锅注油烧热，倒入瘦肉、香菇、胡萝卜，炒匀，加入料酒，撒上盐、鸡粉调味。

⑤将馅料盛出装入盘中，白菜叶铺平，放入馅料、蛋丝，制成卷。

⑥将剩余的白菜叶依次制成白菜卷，摆入盘中，待用。

⑦蒸锅上火烧开，放入白菜卷，盖上锅盖，蒸6分钟后取出，待用。

⑧热锅注油烧热，注入适量清水，加盐、鸡粉、水淀粉，调成芡汁，浇在白菜卷上即可。

调理功效

胡萝卜包含胡萝卜素及多种微量元素，能有效预防肠道功能紊乱，对防治腹泻和腹痛有益。

扫一扫看视频

糖尿病

夏季，人体的血糖水平相对较低，但饮食不当、一些胃肠道疾病、活动量过大等均有可能导致电解质紊乱，引起血糖波动。

控制血糖的关键营养素

【维生素B$_1$】维生素B$_1$主要参与糖类和脂肪的代谢，促进糖转化为能量。当维生素B$_1$不足时，机体控制血糖的难度会加大。此外，它还具有维持正常血糖代谢和神经传导的功能，可维持血管健康，预防心脑血管疾病。

【膳食纤维】膳食纤维进入人体后会延缓胃排空的时间，减缓肠道对葡萄糖的吸收，起到降低血糖的作用。另外，膳食纤维能明显改善胰岛素的敏感性，利用胰岛素的降糖功能，减弱餐后血糖的升高。

【铬】铬是体内葡萄糖耐量因子的重要组成部分，在机体的糖代谢和脂代谢中发挥着重要作用。铬可通过活化葡萄糖磷酸变位酶而加快体内葡萄糖的利用，维持正常的血糖水平，并促使葡萄糖转化为脂肪。

【α-亚麻酸】α-亚麻酸具有调控循环系统、免疫系统和生殖系统的功能。α-亚麻酸还可有效调节生理代谢，控制血糖量，进而让血糖变化趋于稳定。

合理膳食，调控血糖不用愁

【稳定多样，饮食均衡】中老年人每日饮食需注意食物品种的多样化，最好荤素搭配，以合理摄取到七大营养素。

【坚持粗细搭配、荤素搭配】一日三餐中搭配食用适量粗粮与细粮，可帮助中老年人摄取到适量的纤维素，稳定血糖；饮食也应将肉类和蔬菜搭配食用。

【减少钠的摄入】夏季口味不佳，切不可通过增加饮食中的盐量来改善口味，一般中老年人每日钠盐的摄入量为3~5克，除了食盐中的钠，其他含钠的食物也应加以控制食用，如酱油、火腿、香肠等。

炒西蓝花

扫一扫看视频

● 材料　西蓝花150克，黑芝麻适量
● 调料　盐、食用油各适量

● 做法
① 洗净的西蓝花切成小朵，再切碎。
② 锅中注入适量的清水大火烧开。
③ 倒入西蓝花，搅拌片刻至断生。
④ 将西蓝花捞出，沥干水分，待用。
⑤ 用油起锅，倒入西蓝花，翻炒片刻，注入少许清水。
⑥ 加入盐，快速翻炒片刻。
⑦ 将炒好的西蓝花盛出，装入碗中，撒上黑芝麻即可。

 调理功效

西蓝花中含有丰富的膳食纤维，以及少量的B族维生素，有利于糖尿病患者血糖的稳定。

推荐
食谱
青菜豆腐炒肉末

扫一扫看视频

●材料　豆腐300克，上海青100克，肉末50克，彩椒30克

●调料　盐、鸡粉各2克，料酒、水淀粉、食用油各适量

●做法

①洗好的豆腐切丁，洗净的彩椒切块，上海青切块。

②锅中注水烧热，倒入豆腐，略煮，捞出，装盘待用。

③用油起锅，倒入肉末，炒至变色，倒入清水，拌匀。

④加入料酒、豆腐、上海青、彩椒，炒约3分钟至食材熟透。

⑤加入盐、鸡粉，倒入少许水淀粉，翻炒匀，关火后盛出炒好的菜肴，装盘即可。

🥄 调理功效

豆腐中含有大豆异黄酮，有一定的降糖功效，加上上海青中的膳食纤维，可延缓餐后血糖升高。

韭菜苦瓜汤
（推荐食谱）

●材料　苦瓜150克，韭菜65克

●做法

①洗好的韭菜切碎，待用。

②洗净的苦瓜对半切开，去瓤，再切成片，备用。

③用油起锅，倒入苦瓜，翻炒至变色。

④倒入韭菜，快速翻炒出香味。

⑤注入适量清水，搅匀，用大火略煮一会儿，至食材变软。

⑥关火后盛出煮好的汤料即可。

🍵 调理功效

扫一扫看视频

韭菜中膳食纤维含量丰富，可延缓胃排空的时间，减少肠道对葡萄糖的吸收，降低血糖。

西红柿菠菜汤
（推荐食谱）

●材料　菠菜200克，西红柿100克，姜片少许

●调料　盐、鸡粉各适量

●做法

①将洗净的西红柿切块，洗净的菠菜切成段。

②锅中注入清水烧开，加入食用油、盐、鸡粉。

③放入备好的姜片、西红柿，用大火煮至沸。

④倒入菠菜，煮约2分钟至熟透，关火后将煮好的汤料盛入碗中即可。

🍵 调理功效

本品营养丰富，具有降糖降脂、促进消化、增进食欲等功效，对糖尿病老人有较好的食疗功效，可常食。

骨质疏松症

　　人到中年，身体里的钙质会加速流失，而骨质疏松症就是由钙质缺失引起的影响中老年人健康的一大问题之一。中老年人在夏季饮食量减少、食欲变差等都会使摄入身体的钙质变少，诱发骨质疏松症。

预防骨质疏松症关键营养素

　　【钙】人体中大部分钙都储存在骨骼中，骨骼中缺钙，会直接引起骨质疏松，维持人体内充足的钙质是预防骨质疏松症的基础。

　　【维生素D】维生素D在人体内的作用是广泛的，既能调节人体对钙、磷的吸收，增加骨骼的强度，还能维持神经肌肉的协调作用，减少中老年人骨折的发生。鱼肝油、沙丁鱼、鲱鱼、三文鱼、牛奶及其制品等食物中含有丰富的维生素D，此外，中老年人还可以通过晒太阳促进身体内维生素D的转化。

　　【B族维生素】老年人胃肠道功能减弱，容易引起消化不良，造成B族维生素缺乏。B族维生素能够降低人体内的高半胱氨酸含量，而骨质疏松的元凶正是高半胱氨酸。中老年人在日常饮食中有意识地补充B族维生素对预防骨质疏松症十分有益。

　　【优质蛋白质】蛋白质可增加骨骼韧性，其中富含优质蛋白质的食物，如奶中的乳白蛋白、蛋类的白蛋白、骨头里的骨白蛋白都含有胶原蛋白和弹性蛋白，可促进骨的合成。

合理膳食，远离骨质疏松

　　【适量补充钙质】中老年人每日应保证摄取到800～1000国际单位的钙质，以满足身体所需。同时，还应适量补充磷、维生素D以促进机体对钙质的吸收。生活中钙含量高的食物有很多，如牛奶及乳制品、虾皮、豆类及其制品、海带、坚果等。

　　【中老年女性应适量补充雌性激素】女性绝经之后，由于雌激素水平急剧下降，骨密度也会随之迅速地走上下坡路。中老年女性平时可多食用豆类及其制品，补充雌性激素。

牛奶藕粉

●材料　鲜牛奶300毫升，藕粉20克

●做法

①把部分牛奶倒入藕粉中，搅拌均匀，备用。

②锅置火上，倒入余下的牛奶。

③煮开后关火，待用。

④锅中倒入调好的藕粉，拌匀。

⑤再次开火，煮约2分钟，搅拌均匀至其呈现糊状。

⑥关火后盛出煮好的藕粉糊，装入碗中即可。

调理功效

牛奶中富含钙，而且具有容易被人体吸收的特点，有利于预防中老年出现骨质疏松。

扫一扫看视频

鲫鱼豆腐汤

●材料　鲫鱼200克，豆腐100克，葱花、葱段、姜片各少许

●调料　盐、鸡粉、胡椒粉各2克，料酒10毫升，食用油适量

●做法

①备好的豆腐切成小块，处理干净的鲫鱼两面打上一字花刀，待用。

②用油起锅，倒入鲫鱼，稍煎一下，放上姜片、葱段，翻炒爆香。

③淋上料酒，注入适量的清水，倒入豆腐块，搅拌片刻，煮8分钟。

④加入盐、鸡粉、胡椒粉，拌匀入味。

⑤关火后将煮好的汤盛入碗中，撒上备好的葱花即可。

调理功效

鲫鱼中含有的B族维生素有健脾的作用，能促进人体对钙的吸收，骨质疏松患者可常食。

扫一扫看视频

推荐食谱 砂锅泥鳅豆腐汤

- **材料** 泥鳅、豆腐各200克，蒜苗50克，姜片少许
- **调料** 盐、鸡粉、芝麻油各2克，料酒10毫升，胡椒粉少许

- **做法**

①把洗净的豆腐切成条，再切成小方块；洗好的蒜苗切碎，备用。

②砂锅中注水烧开，放入姜片，倒入少许料酒。

③放入处理好的泥鳅，加入豆腐块，搅拌匀，撇去汤中浮沫。

④放入适量盐、鸡粉，撒上胡椒粉，再淋入少许芝麻油，搅匀调味，大火煮2分钟。

⑤放入蒜苗，搅拌匀，略煮片刻，继续搅动使其食材入味。

⑥关火后将砂锅取下，即可食用。

调理功效

豆腐的含钙量较多，具有防治骨质疏松的食疗功效，中老年人可常食豆腐。

棒骨补骨脂莴笋汤 _{推荐食谱}

扫一扫看视频

- **材料** 猪棒骨170克，莴笋130克，补骨脂10克，姜片、葱段、草果各少许
- **调料** 盐、鸡粉各2克，料酒4毫升

- **做法**

①去皮洗净的莴笋切滚刀块，备用。

②锅中注水烧热，倒入洗净的猪棒骨，煮2分钟，捞出。

③砂锅中注入适量清水烧热，倒入汆过水的猪棒骨。

④撒上补骨脂，放入姜片、葱段、草果，淋入料酒，盖上盖，烧开后用小火煮约1小时。

⑤倒入莴笋，拌匀，续煮约15分钟，加鸡粉、盐，略煮，盛出即成。

➤ 调理功效

猪棒骨富含磷酸钙、骨黏蛋白等，能增强人体制造血细胞的能力，延缓衰老、防治骨质疏松。

Part 4

安度 "多事之秋"
——中老年人秋季养生与防病饮食

　　承夏入秋之际，气候变化剧烈，如不注意多加防范，各种疾病可能就接踵而来。中老年人通过饮食及时调养身心，不仅有助于预防疾病、延缓衰老，还能补充夏季的消耗，储备冬季的营养，使中老年人安然度过"多事之秋"。

中老年人秋季养生，平定内敛

　　秋天，人体阳气由升浮逐渐转向沉降，阳气渐衰，生理功能趋于平静，加之天气开始转凉，是中老年人易发病的季节。此时，应适应秋季气候变化特点，遵循"阴精加贮，阳气内敛"的原则，通过饮食平补身心，以增强身体抵抗力，减少发病概率。

◎ 中老年人秋季养生饮食原则

　　【应多吃养肺润燥的食物】秋季空气中水分缺乏，气候干燥，燥邪入侵人体，较易伤肺，常常会引发咳嗽、口鼻干燥、皮肤干燥、大便干结等症状，因此秋季饮食的关键在于养肺。应多吃些清热生津、养肺润燥的食物，如黄瓜、西红柿、芹菜、芥蓝、木耳、白萝卜、山药、莲藕、马蹄、绿豆、豆浆、蜂蜜等。还可以选取银耳、百合、麦冬、川贝、沙参等熬制成药膳食用，能起到良好的滋阴补肺、生津止渴的功效。

　　【多吃黄绿色蔬果】秋季来临之时，中老年人体内维生素A储备容易减少，如不及时补充，到了冬春季节容易发生视力下降、眼睛干涩、呼吸道感染等问题。因此要多吃黄色蔬菜，比如南瓜、胡萝卜、西红柿等。此外，绿色蔬菜中维生素C含量较高，可增强人体免疫力，防治秋季感冒，因此，中老年人在日常饮食中可多吃一些芥菜、菠菜、西蓝花、红薯叶等。

　　【多吃粗粮】中老年人代谢机能降低，消化能力较弱，常吃些富含B族维生素的粗粮，可促进胃肠蠕动和消化液分泌，维持老年人正常的消化功能。此外，粗粮中含有大量的膳食纤维，有润肠通便的作用，对于秋燥带来的便秘等症有良好的食疗功效，还能使中老年人的营养摄入更加全面均衡。因此，中老年人应多吃些小米、玉米、燕麦、红薯等粗粮，将它们熬粥服食，效果更佳。

　　【摄入优质蛋白质】中老年人应该尽量

多吃一些含优质蛋白质的食物，比如黄豆、鱼肉等，都是秋季养生较为理想的食物。特别是鱼肉中的蛋白质，不仅含量丰富，而且在人体中的消化率高达87%至98%。但是，中老年人对肉类的食用应有节制，不宜摄入过多，更多的优质蛋白质摄入应该从豆类及豆制品中获取。除此之外，榛子、花生、核桃、杏仁等坚果中的蛋白质也可以适量获取。

◎ 中老年人秋季食补秘籍

告别了酷暑，秋风送来丝丝凉意，气候逐渐变得干爽宜人。人的食欲增强，消化能力逐渐提高，正好可以弥补夏季炎热造成的营养不足。中老年人宜采取平补、润补的方法，结合个人体质，有针对性地提高自身身体素质。

【脾胃不健者】应适量摄入莲藕、山药、土豆、莲子、瘦肉、禽蛋等食物。

【肝肾阴虚者】可多吃些养肾保肝的食物，如黑木耳、海带、核桃、牛奶、蜂蜜、枸杞、核桃等。

【秋燥便秘者】可常吃些小米、糙米、燕麦、豌豆、芸豆、胡萝卜、苹果等滋阴润燥的食物。

【慢性疾病者】尤其是患有慢性支气管炎、哮喘等病的老人，可吃些橄榄、白萝卜、银耳、甘蔗、梨、苹果等。

◎ 中老年人秋季日常保健

【适度锻炼】秋天，日照和气温都相对比较温和，是中老年人户外锻炼的好时机。中老年人可根据自己身体的状况，选择一些适合自己的户外活动，不但可以增强身体对气温变化的适应能力，还可提高自身的抗病能力。身体条件好的可以选择爬山、钓鱼、郊游等活动；而体质较差的则可以选择一些活动量较小的项目，如户外散步、打太极拳、练气功等。

【注意精神保健】秋天风景萧瑟，易引起中老年人的消极悲观情绪。研究发现，不良的心理刺激会抑制人体免疫防御功能，引发内分泌及新陈代谢紊乱，从而导致许多疾病发生，因此，老年人应特别注意精神保健，学会自我调适情绪。

推荐食谱 粉蒸红薯叶

- **材料** 红薯叶300克，玉米粉40克
- **调料** 盐、鸡粉各2克，料酒4毫升，
  芝麻油适量

● 做法

① 洗净的红薯叶切宽丝，待用。

② 取1碗清水，倒入红薯叶，用手搓洗几遍。

③ 再取1个碗，倒入红薯叶、玉米粉，搅拌匀。

④ 加入盐、料酒、鸡粉，搅匀调味。

⑤ 将拌好的食材倒入蒸碗中，待用。

⑥ 蒸锅上火烧开，放入红薯叶。

⑦ 盖上锅盖，中火蒸5分钟至熟。

⑧ 掀开锅盖，关火后将已经蒸好的红薯叶取出。

⑨ 淋上芝麻油，即可食用。

扫一扫看视频

🌿 调理功效

红薯叶含有蛋白质、糖类、纤维素等成分，具有促进新陈代谢、延缓衰老等功效，适合秋季食用。

推荐食谱 桂花蜂蜜蒸萝卜

● 材料　白萝卜片260克，蜂蜜30克，
　　　　桂花5克

● 做法

① 在白萝卜片中间挖1个洞。

② 取1个盘，放入挖好的白萝卜片，加
入蜂蜜、桂花，待用。

③ 取电蒸锅，注入适量清水烧开，放入
白萝卜。

④ 盖上盖，蒸15分钟。

⑤ 揭盖，取出白萝卜，待凉即可食用。

🌼 调理功效

白萝卜具有清热生津、凉血止
血、消食化滞等功效，可预防
因秋燥引起的出血。

扫一扫看视频

推荐食谱 冰糖百合蒸南瓜

● 材料　南瓜条130克，鲜百合30克
● 调料　冰糖15克

● 做法

① 把南瓜条装在蒸盘中。

② 放入洗净的鲜百合，撒上备好的冰
糖，待用。

③ 备好电蒸锅，放入蒸盘。

④ 盖上盖，蒸约10分钟，蒸至全部食材
熟透。

⑤ 断电后揭盖，取出蒸盘，稍微冷却后
食用即可。

🌼 调理功效

南瓜中的果胶，可促进肠胃蠕
动，帮助食物消化，同时还能
保护胃肠道黏膜，预防胃病。

扫一扫看视频

扫一扫看视频

🥄 推荐食谱 扁豆玉米沙拉

- **材料** 扁豆70克，玉米粒60克，洋葱30克
- **调料** 沙拉酱2克，胡椒粉5克，橄榄油5毫升，盐少许
- **做法**

①处理好的洋葱切成片；洗净的扁豆切成块待用。

②锅中注入适量的清水，大火烧开，倒入扁豆，焯至断生，捞出，放入凉水中放凉。

③锅中注清水烧开，倒入玉米粒、洋葱，余片刻，将食材捞出倒入放扁豆的凉水中放凉。

④将食材捞出，沥干水分，放入盐，再放入少许的胡椒粉、橄榄油，拌匀；将拌好的食材装盘，挤入沙拉酱即可。

🍃 调理功效

玉米具有通便润肠、排毒瘦身、增强免疫力等功效，能预防肠燥便秘。

扫一扫看视频

🥄 推荐食谱 黄瓜拌土豆丝

- **材料** 去皮土豆250克，黄瓜200克，熟白芝麻15克
- **调料** 盐、白糖各1克，芝麻油、白醋各5毫升
- **做法**

①洗好的黄瓜切片，改切丝；洗净的土豆切片，改切丝。

②取1碗清水，放入土豆丝，稍拌片刻，去除表面含有的淀粉，待用。

③沸水锅中倒入洗过的土豆丝，焯一会儿至断生，捞出，过一遍凉水后捞出，装盘待用。

④往土豆丝中放入黄瓜丝，拌匀。

⑤加入盐、白糖、芝麻油、白醋，将材料拌匀，将拌好的菜肴装入碟中，撒上熟白芝麻即可。

🍃 调理功效

黄瓜含有蛋白质、胡萝卜素、钙、磷、铁等，可清热解毒，适合中老年人食用。

推荐食谱 蒜味黄瓜酸奶

- ●材料　黄瓜120克，柠檬45克，酸奶20克，茴香65克，蒜末少许
- ●调料　盐、黑胡椒粉、白糖各2克，橄榄油5毫升

●做法

①将洗净的黄瓜切开，切成丁，装入碗中，待用。

②洗好的茴香切成小段。

③黄瓜丁中加入盐，拌匀，腌渍20分钟至水分析出。

④倒出黄瓜丁中的水分，待用。

⑤往黄瓜丁中倒入切好的茴香，放入蒜末，挤入柠檬汁。

⑥加入黑胡椒粉、橄榄油、白糖，搅拌均匀。

⑦将拌好的黄瓜装入1个干净的碗中，淋上酸奶即可。

🌱 调理功效

酸奶和黄瓜是排毒养颜的好东西，含有丰富的B族维生素、维生素C等成分，适合中老年女性食用。

扫一扫看视频

柠檬彩蔬沙拉
推荐食谱

- **材料** 生菜60克，柠檬20克，黄瓜、胡萝卜、酸奶各50克
- **调料** 蜂蜜少许

- **做法**

①择洗好的生菜用手撕成小段，放入碗中，待用。

②洗净去皮的胡萝卜切粗条，再切成丁，待用。

③洗净去皮的黄瓜切成条，改切成丁，待用。

④洗净的柠檬切成薄片。

⑤锅中注入适量的清水大火烧开，倒入胡萝卜，搅匀，略煮片刻至断生。

⑥将胡萝卜捞出，沥干水分待用。

⑦将黄瓜丁、胡萝卜丁倒入生菜碗中，搅拌匀。

⑧取1个盘子，摆上柠檬片，倒入拌好的食材，浇上酸奶，放入少许蜂蜜调味即可。

扫一扫看视频

调理功效

黄瓜具有利尿消肿、通便润肠、增强免疫力等功效，搭配富含维生素C的柠檬同食，能预防燥邪入侵。

栗焖香菇 推荐食谱

扫一扫看视频

- ●材料　去皮板栗200克，鲜香菇40克，去皮胡萝卜50克
- ●调料　盐、鸡粉、白糖各1克，生抽、料酒、水淀粉各5毫升，食用油适量

- ●做法
- ①洗净的板栗对半切开；香菇切十字刀，成小块状。
- ②洗净的胡萝卜切滚刀块。
- ③用油起锅，倒入板栗、香菇、胡萝卜，将食材炒匀。
- ④加入生抽、料酒，炒匀，注入200毫升左右的清水。
- ⑤加入盐、鸡粉、白糖，充分拌匀。
- ⑥加盖，用大火煮开后转小火焖15分钟使其入味。
- ⑦揭盖，用水淀粉勾芡，关火后盛出菜肴，装盘即可。

🌱 调理功效

板栗具有坚固牙齿、滋补肝肾、提高人体免疫力等功效，适合中老年人食用。

鲜汤蒸萝卜片

- ●材料　去皮白萝卜95克，鸡汤35毫升，红椒粒20克，葱花少许
- ●调料　盐、鸡粉各2克
- ●做法
①洗好的白萝卜切圆片。
②取1个空盘，整齐摆放上白萝卜片，撒上红椒粒。
③往盛鸡汤的碗中加入盐、鸡粉，搅拌均匀，浇在白萝卜片上，待用。
④取出电蒸笼，注入适量清水，放上白萝卜片。
⑤加盖，将定时旋钮调至"12"分钟处，蒸煮12分钟至熟。
⑥揭盖，取出白萝卜片，撒上备好的葱花即可。

扫一扫看视频

🍴 调理功效

白萝卜主治食积胀满、痰嗽、消渴等症，鸡汤滋阴润补，本品适合中老年女性食用。

木耳山药

- ●材料　水发木耳80克，去皮山药200克，圆椒、彩椒各40克，葱段、姜片各少许
- ●调料　盐、鸡粉各2克，蚝油3克，食用油适量
- ●做法
①洗净的圆椒、彩椒分别切开，去籽，切成条，再切片。
②洗净去皮的山药切开，再切成厚片。
③锅中注入清水烧开，倒入山药片、泡发好的木耳、圆椒块、彩椒片。
④拌匀，余片刻至断生；将食材捞出，沥干水分，待用。
⑤用油起锅，倒入姜片、葱段，爆香，放入蚝油、余好的食材，加入盐、鸡粉，炒至入味，将菜肴盛出即可。

扫一扫看视频

🍴 调理功效

黑木耳具有清肺、养血、降压、抗癌等作用，常食还能减少呼吸道损伤。

推荐食谱 蒸三丝

- ●材料　白萝卜200克，胡萝卜190克，水发木耳100克，葱丝少许
- ●调料　盐、鸡粉各2克，水淀粉4毫升，生抽5毫升，食用油适量

●做法

①洗净去皮的白萝卜、胡萝卜分别切片，再切成丝。

②泡发好的木耳切成丝。

③锅中注入适量的清水，大火烧开，倒入白萝卜丝，汆至断生，捞出，沥干。

④再倒入胡萝卜丝，搅匀汆片刻，捞出，沥干水分，待用。

⑤倒入木耳丝，汆片刻，煮至断生，捞出，沥干水分。

⑥取1个碗，倒入汆好的白萝卜、胡萝卜、木耳，加入盐、鸡粉、水淀粉，搅匀调味。

⑦将食材倒入1个蒸盘中，备用。

⑧蒸锅注水烧开，放入三丝，盖上锅盖，大火蒸5分钟至入味。

⑨掀开锅盖，取出三丝，放上备好的葱丝。热锅注油，烧至七成热，浇在三丝上，再淋上生抽即可食用。

调理功效

白萝卜含有芥子油、膳食纤维、维生素等成分，可清热解毒、润肺止咳，有利于防治秋燥咳嗽。

扫一扫看视频

鸡汤豆腐串

扫一扫看视频

●材料 豆腐皮150克，鸡汤500毫升，香葱35克，香菜30克，姜片少许

●调料 盐1克，鸡粉、胡椒粉各2克，芝麻油5毫升，食用油适量

●做法

①豆腐皮切成正方形，香葱、香菜分别切段。

②往豆腐皮上放入葱段、香菜，将豆腐皮卷起，用牙签固定，装盘待用；热锅注油，放入豆腐串，煎2分钟。

③倒入姜片、鸡汤，加入盐、鸡粉、胡椒粉，拌匀。

④用小火焖约2分钟，淋入芝麻油，拌匀，稍煮片刻。

⑤关火后夹出豆腐串，装盘，拔出牙签。

⑥将锅中的鲜汤浇在豆腐串上，放上香菜点缀即可。

调理功效

豆腐皮含有维生素A、维生素E及钾、磷、钙、镁等成分，有预防心血管疾病、保护心脏等功效。

素蒸芋头

- ●材料　去皮芋头500克，葱花适量
- ●调料　生抽5毫升，食用油适量

- ●做法
- ①洗净去皮的芋头切滚刀块，装盘。
- ②电蒸锅注水烧开，放入切块的芋头。
- ③加盖，用大火蒸30分钟至芋头熟软。
- ④揭盖，取出蒸好的芋头，撒上葱花，待用。
- ⑤用油起锅，烧至八成热。
- ⑥关火后将热油淋在芋头上，再浇上生抽即可。

 调理功效

 扫一扫看视频

芋头含有蛋白质、维生素、钙、磷、铁等成分，具有益胃、解毒、补中健脾等功效。

酸甜脆皮豆腐

- ●材料　豆腐250克，生粉20克，酸梅酱适量
- ●调料　白糖3克，食用油适量
- ●做法
- ①将洗净的豆腐切开，再切长方块。
- ②均匀地滚上一层生粉，制成豆腐生坯，待用。
- ③取酸梅酱，加入适量白糖，拌匀，调成味汁，待用。
- ④热锅注油，烧至四五成热，放入豆腐生坯。
- ⑤轻轻搅匀，用中小火炸约2分钟，至食材熟透。
- ⑥关火后捞出豆腐块，沥干油，装入盘中，浇上味汁即可。

 调理功效

 扫一扫看视频

豆腐具有补中益气、清热润燥、生津止渴等功效，还有缓解咽炎的作用。

扫一扫看视频

推荐食谱 蒸冬瓜肉卷

- ●材料　冬瓜400克，水发木耳90克，午餐肉、胡萝卜各200克，葱花少许
- ●调料　鸡粉2克，水淀粉4毫升，芝麻油、盐各适量

●做法

①将泡发好的木耳切成细丝，洗净去皮的胡萝卜切成丝。

②将午餐肉切成丝，洗净去皮的冬瓜切成薄片。

③锅中注入适量清水，大火烧开，倒入冬瓜片，搅匀，煮至断生，捞出，沥干水分待用。

④把冬瓜片铺在盘中，放上午餐肉、木耳、胡萝卜，将冬瓜片卷起，定型制成卷，再将剩余的冬瓜片依次制成卷。

⑤蒸锅上火烧开，放入冬瓜卷，盖上锅盖，大火蒸10分钟至熟。

⑥掀开锅盖，将冬瓜卷取出待用。

⑦热锅注水烧开，放入少许盐、鸡粉，加入水淀粉，搅匀勾芡，淋入少许芝麻油，拌匀。

⑧将搅好的芡汁淋在冬瓜卷上，撒上葱花即可。

🥄 调理功效

冬瓜能清热解暑，利尿通便，有助于人体清肺排毒，适合中老年人秋季食用。

白玉菇炒牛肉 推荐食谱

扫一扫看视频

●**材料** 白玉菇100克，牛肉150克，红椒15克，姜片、蒜末、葱白各少许

●**调料** 鸡粉3克，嫩肉粉1克，盐、生抽、料酒、水淀粉、食用油各适量

●**做法**

①白玉菇去根，切成2段；红椒切丝；牛肉切成片。

②牛肉片装碗，加盐、生抽、鸡粉、嫩肉粉、水淀粉、油，腌渍入味；锅中倒入清水烧开，加油、盐，倒入白玉菇，煮约2分钟，加入红椒煮片刻，分别捞出。

③炒锅注油烧热，放姜、蒜、葱爆香，倒入牛肉，炒至转色，放入料酒、白玉菇、红椒，炒匀，加盐、鸡粉、生抽、水淀粉，炒至入味，关火后盛出即可。

🌿 调理功效

牛肉所含的氨基酸更接近人体需要，能有效提高机体抗病能力，特别适宜体虚的中老年人食用。

扫一扫看视频

推荐食谱 葱油蒸大黄鱼

● 材料　黄鱼420克，姜片、葱段各少许，葱丝20克

● 调料　盐6克，料酒、生抽各10毫升，食用油适量

● 做法

①将处理好的黄鱼两面打上一字花刀。

②往鱼身上撒上盐，淋上料酒，抹匀，腌渍10分钟。

③准备1双筷子放于盘子底部撑住黄鱼，待用。

④电蒸锅注水烧开，放上黄鱼。

⑤再往鱼身上撒上姜片，加盖，蒸12分钟；揭盖，取出蒸好的黄鱼，取下筷子，在鱼身上铺上一层葱丝，待用。

⑦热锅注油，烧至六成热，盛出，浇在葱丝上，再往鱼两边淋上生抽即可。

🍃 调理功效

黄鱼含丰富的蛋白质、微量元素和维生素，对体质虚弱的中老年人来说，食疗效果甚佳。

扫一扫看视频

推荐食谱 橄榄栗子鹌鹑

● 材料　鹌鹑240克，青橄榄50克，瘦肉55克，板栗60克

● 调料　盐、鸡粉各3克

● 做法

①将洗净的青橄榄拍破，洗净的瘦肉切成小块，处理好的鹌鹑切小块。

②锅中注入适量清水烧开，放入瘦肉，煮沸，汆去血水，捞出沥干，待用。

③将鹌鹑倒入沸水锅中，煮沸，汆去血水，捞出，沥干水分，待用。

④砂锅注入适量清水烧开，倒入瘦肉、鹌鹑、青橄榄、板栗，搅匀。

⑤加盖，大火烧开后用小火炖1小时；揭盖，放入盐、鸡粉，拌匀调味。

⑥把炖好的菜肴盛出，装入碗中即可。

🍃 调理功效

鹌鹑肉有养血滋补之功，配以养胃健脾、补肾强筋的板栗，能预防中老年人骨质疏松。

推荐食谱 **菌蔬炖鲈鱼**

- ●材料　鲈鱼400克，香菇3个，上海青10克，西红柿30克，高汤400毫升，姜片、葱段各少许
- ●调料　盐、鸡粉各1克，食用油各适量

●做法

①洗好的香菇对半切开，洗净的上海青切成小瓣。

②洗好的西红柿切片。

③洗净的鲈鱼两面划上一字刀。

④热锅注油，放入带有花刀的鲈鱼，煎约2分钟至表皮微黄。

⑤放入姜片、葱段，加入高汤，拌匀。

⑥放入盐、鸡粉，拌匀。

⑦倒入切好的香菇，放入西红柿片，煮约5分钟至入味。

⑧放入切好的上海青，稍煮一会儿，至熟透。

⑨关火后盛出炖好的菜肴，装盘即可。

🍃 调理功效

鲈鱼含有蛋白质、B族维生素、钙、磷、铁等成分，有补肝肾、健脾胃等功效，还能缓解秋燥咳嗽。

扫一扫看视频

推荐食谱 山药土茯苓煲瘦肉

- ●材料　猪瘦肉260克，山药、土茯苓、姜片各少许
- ●调料　料酒4毫升，盐、鸡粉各2克
- ●做法
①洗好的猪瘦肉切条形，改切成丁。
②锅中注入清水烧开，倒入切好的瘦肉，淋入料酒，汆去血水，捞出，沥干水分，备用。
③砂锅中注入适量清水烧热，倒入土茯苓、山药、姜片。
④放入瘦肉，淋入少许料酒，拌匀，盖上盖，烧开后用小火煮约40分钟。
⑤揭开盖，加入盐、鸡粉，拌匀调味。
⑥关火后盛出煮好的菜肴即可。

扫一扫看视频

🍲 调理功效

猪瘦肉具有补肾养血、滋阴润燥、增强免疫力等功效，中老年人可适当食用。

推荐食谱 薏米莲藕排骨汤

- ●材料　去皮莲藕200克，水发薏米150克，排骨块300克，姜片少许
- ●调料　盐2克
- ●做法
①洗净的去皮莲藕切块。
②锅中注入适量清水，大火烧开，倒入排骨块，汆片刻，捞出，沥干水分，装盘待用。
③砂锅中注入适量清水，倒入排骨块、莲藕、薏米、姜片，拌匀。
④加盖，大火煮开转小火煮3小时至析出有效成分。
⑤揭盖，加入盐，搅拌片刻至入味。
⑥关火，盛出煮好的排骨汤，装入碗中即可。

扫一扫看视频

🍲 调理功效

薏米具有降血脂、促进新陈代谢等功效，中老年人经常食用能延缓衰老。

苦瓜黄豆排骨汤 推荐食谱

- **材料** 排骨段170克，苦瓜100克，水发黄豆45克，咸菜60克，香菇25克，姜片、山药各少许

- **调料** 盐少许

- **做法**
① 咸菜切小块；香菇对半切开；苦瓜去瓤，切小段。
② 锅中注水烧开，倒入排骨段，汆去血渍，捞出。
③ 砂锅中注水烧热，倒入排骨段，放入苦瓜，倒入洗净的黄豆，放入切好的香菇。
④ 倒入切好的咸菜，撒上备好的山药、姜片，拌匀。
⑤ 烧开后转小火煮约80分钟，至食材熟透。
⑥ 加盐拌匀，用中火煮至汤汁入味，关火后盛出即可。

🌾 调理功效

苦瓜富含纤维素、维生素及矿物质，具有降血糖、降血脂、抗炎等作用，适合中老年人食用。

猴头菇荷叶冬瓜鸡汤

推荐食谱

扫一扫看视频

●**材料** 鸡肉块200克，猴头菇25克，冬瓜肉100克，干荷叶少许，水发芡实90克，水发薏米110克，水发干贝50克，姜片8克

●**调料** 盐少许

●**做法**

①冬瓜肉切滚刀块；洗好的猴头菇切开，再切小块。

②锅中注水烧开，分别倒入鸡肉块、猴头菇，拌匀，汆去杂质，捞出汆好的材料，沥干水分，待用。

③砂锅中注水烧热，倒入汆好的鸡肉、冬瓜块、干荷叶、猴头菇，放入芡实、薏米、干贝、姜片，搅散。

④烧开后转小火煮约90分钟，加入少许盐，拌匀，改中火煮至汤汁入味，关火后盛出即可。

🌱 调理功效

猴头菇具有养胃和中的功效，可作为胃、十二指肠溃疡及慢性胃炎的食疗之品。

推荐食谱 薏米茯苓鸡骨草鸭肉汤

- ●材料　水发薏米150克，鸡骨草30克，茯苓20克，鸭肉500克，冬瓜300克，姜片少许
- ●调料　盐适量
- ●做法
  ①洗净去皮的冬瓜切成块。
  ②锅中注入清水烧开，倒入鸭肉，搅匀，汆去血水；捞出，沥干水分待用。
  ③砂锅中注清水，大火烧热，倒入鸭肉、冬瓜、薏米、鸡骨草，再加入茯苓、姜片，搅拌片刻。
  ④加盖，煮开后转小火煮约2小时。
  ⑤揭盖，加入少许的盐，搅匀调味。
  ⑥关火，将煮好的汤盛出，装入碗中，即可食用。

调理功效

鸭肉具有清热解毒、促进食欲、润肠通便等功效，中老年人食用能调节胃肠道功能。

扫一扫看视频

推荐食谱 茶树菇莲子炖乳鸽

- ●材料　乳鸽块200克，水发莲子50克，水发茶树菇65克
- ●调料　盐、鸡粉各1克
- ●做法
  ①往陶瓷内胆中放入洗净的乳鸽块，放入泡好的茶树菇，加入泡好的莲子。
  ②注入适量清水，加入盐、鸡粉，搅拌均匀。
  ③取出养生壶，通电后放入陶瓷内胆，盖上内胆盖。
  ④壶内注入适量清水，盖上壶盖，按下"开关"键，选择"炖补"图标，机器开始运行，炖煮约200分钟，至食材熟软入味。
  ⑤断电后揭开壶盖和内胆盖，将炖好的汤品装碗即可。

调理功效

乳鸽可增强体质，茶树菇保健作用较好，莲子能养心安神。本品适合中老年人食用。

扫一扫看视频

扫一扫看视频

调理功效

草鱼具有促进食欲、滋补身体、增强免疫力等功效，可供中老年人食用。

菊花鱼片汤

推荐食谱

- ●材料　草鱼肉500克，莴笋200克，高汤200毫升，姜片、葱段、菊花各少许
- ●调料　盐4克，鸡粉3克，水淀粉4毫升，食用油适量
- ●做法

①洗净去皮的莴笋切成段，再切成薄片；处理干净的草鱼肉切成双飞鱼片。

②取1个碗，倒入鱼片，加入盐、水淀粉，拌匀，腌渍片刻。

③热锅中注油，倒入姜片、葱段，翻炒爆香，倒入清水、高汤，用大火煮开。

④倒入莴笋片，搅匀煮至断生，加入少许的盐、鸡粉，倒入鱼片、菊花。

⑤搅拌片刻，稍煮一会儿使鱼肉熟透，关火，将煮好的鱼肉盛出即可。

扫一扫看视频

调理功效

能燥湿化痰的橘皮搭配蛋白质丰富的草鱼、豆腐煮汤，中老年人食用能预防秋燥咳嗽。

橘皮鱼片豆腐汤

推荐食谱

- ●材料　草鱼肉260克，豆腐200克，橘皮少许
- ●调料　盐2克，鸡粉、胡椒粉各少许
- ●做法

①将洗净的橘皮切开，再改切细丝；洗好的草鱼肉切片；洗净的豆腐切开，再切小方块。

②锅中注入适量清水烧开，倒入豆腐块，拌匀。

③大火煮约3分钟，再加入少许盐、鸡粉，拌匀调味，放入鱼肉片，搅散，撒上适量胡椒粉。

④转中火煮约2分钟，至食材熟透，倒入橘皮丝，拌煮出香味。

⑤关火后盛出煮好的豆腐汤，装在碗中即可。

推荐食谱 黄芪红枣鳝鱼汤

- ●材料　鳝鱼肉350克，鳝鱼骨100克，黄芪、红枣、姜片、蒜苗各少许
- ●调料　盐、鸡粉各2克，料酒4毫升

●做法

①洗好的蒜苗切成粒；洗净的鳝鱼肉切上网格花刀，再切段；鳝鱼骨切成段。

②锅中注入适量清水烧开，倒入鳝鱼骨，拌匀，汆去血水，捞出材料，沥干水分，待用。

③沸水锅中倒入鳝鱼肉，拌匀，汆去血水，捞出材料，沥干水分，待用。

④砂锅中注入适量清水烧热，倒入备好的红枣、黄芪、姜片，盖上盖，用大火煮至沸。

⑤揭开盖，倒入鳝鱼骨；盖上盖，烧开后用小火煮约30分钟。

⑥揭开盖，放入鳝鱼肉，加入盐、鸡粉、料酒，拌匀。

⑦盖上锅盖，用小火煮约20分钟至食材入味。

⑧揭开锅盖，搅拌均匀，撒上切好的蒜苗，拌匀。

⑨关火后盛出煮好的汤料即可。

调理功效

鳝鱼含有蛋白质、维生素A、B族维生素、磷、铁等，可补肾虚、益气补血，适合中老年人秋季食用。

扫一扫看视频

🌿 调理功效

银耳具有润肤、祛斑、抗皱、延年益寿、抗癌等功效，是中老年女性的滋补佳品。

推荐食谱 莲子百合甜汤

- **材料** 水发银耳40克，水发百合20克，枸杞5克，水发莲子30克
- **调料** 冰糖15克
- **做法**

①银耳切去根部，切成碎。

②往焖烧罐中倒入银耳、百合、莲子，注入刚煮沸的开水至八分满。

③旋紧盖子，摇晃片刻，静置1分钟，使食材和焖烧罐充分预热。

④揭盖，将开水倒出，加入枸杞、冰糖，再次注入沸水至八分满。

⑤旋紧盖子，摇晃片刻，使食材充分混匀，焖烧2个小时。

⑥揭盖，将焖烧好的甜汤盛出，装入碗中即可。

推荐食谱 银耳莲子马蹄羹

- **材料** 水发银耳150克，去皮马蹄80克，水发莲子100克，枸杞15克
- **调料** 冰糖40克

- **做法**

①洗净的马蹄切碎，洗净的莲子去心。

②砂锅中注入适量清水烧开，倒入马蹄、莲子、银耳，拌匀。

③加盖，大火煮开转小火煮1小时至熟；揭盖，加入冰糖、枸杞，拌匀。

④加盖，续煮10分钟至冰糖溶化；揭盖，稍稍搅拌至入味。

⑤关火后盛出煮好的菜肴，装入碗中，即可食用。

🌿 调理功效

马蹄含有多种营养成分，搭配银耳同食，能清热解毒、养心润肺，适合秋季食用。

鸡丝米线

推荐食谱

扫一扫看视频

● **材料** 鸡胸肉100克，生菜45克，水发米线300克

● **调料** 盐2克，鸡粉4克，胡椒粉1克，水淀粉、食用油各适量

● **做法**

①生菜切碎；泡发好的米线切小段；鸡胸肉切细丝。

②把鸡胸肉装入碗中，加入少许盐、鸡粉、水淀粉，拌匀，注入少许食用油，拌匀，腌渍约10分钟，备用。

③锅中注水烧开，加食用油、盐、鸡粉，搅匀，放入鸡丝，搅散，煮至变色，倒入米线，拌匀，煮至变软。

④撒上生菜，搅匀，用中火煮至断生，加入胡椒粉，拌匀调味，盛出锅中的材料，装入碗中即可。

调理功效

鸡肉可为中老年男性提供优质蛋白质，还具有益气补血、增强免疫力、强身健体等功效。

 芡实莲子粥

●材料　水发大米120克，水发莲子75克，水发芡实90克

●做法

①砂锅中注入清水烧开，倒入备好的芡实、莲子，搅拌一会儿。

②盖上锅盖，烧开后用中火煮约10分钟至其熟软。

③揭开锅盖，倒入洗净的大米，搅拌一会儿。

④再盖上锅盖，用中火煮约30分钟至食材完全熟软。

⑤揭开锅盖，持续搅拌片刻。

⑥将煮好的粥盛出，装入碗中即可。

🌱 **调理功效**

莲子含有莲心碱，具有益心补肾、安神镇静的功效，中老年人食用能预防失眠。

黄瓜芹菜雪梨汁

●材料　雪梨120克，黄瓜100克，芹菜60克

●做法

①将洗净的雪梨去核，再去皮，把果肉切成小块。

②洗好的黄瓜切条形，改切成丁；洗净的芹菜切成段，备用。

③取备好的榨汁机，选择搅拌刀座组合，倒入切好的材料，注入适量矿泉水，盖上盖子。

④通电后选择"榨汁"功能，搅拌一会儿，至材料榨出汁水。

⑤断电后倒出拌好的雪梨汁，装入杯中即成。

🌱 **调理功效**

黄瓜含有丙醇二酸、纤维素等成分，对预防高血压有一定的作用，中老年人可常食。

 枸杞小米豆浆

● 材料　枸杞20克，水发小米30克，水
发黄豆40克

● 做法

①将已浸泡8小时的黄豆倒入碗中，再
放入已浸泡4小时的小米。

②加入适量清水，用手搓洗干净，倒入
滤网中。

③沥干黄豆、小米的水分。

④把洗净的枸杞倒入豆浆机中，再放入
洗好的黄豆和小米，注入适量清水，至
水位线即可。

⑤盖上豆浆机机头，选择"五谷"程
序，再选择"开始"键，开始打浆。

⑥待豆浆机运转约15分钟，即成豆浆。

⑦将豆浆机断电，取下机头，把煮好的
豆浆倒入滤网，滤取豆浆。

⑧把滤好的豆浆倒入碗中，用汤匙捞去
浮沫。

⑨待稍微放凉后即可饮用。

🌱 调理功效

枸杞具有滋补肝肾、益精明目、增
强免疫力等功效，适量进食可有效
预防干眼症。

扫一扫看视频

秋季多发病与饮食保健

秋燥咳嗽

中医学认为，秋与肺相应，燥为秋令之主气。秋燥之邪易通过口、鼻、呼吸道或皮毛侵犯于肺，影响肺脏清润的功能，而发生秋天特有的燥性咳嗽。

预防咳嗽的关键营养素

【维生素E和维生素C】维生素E和维生素C最重要的功能是可清除人体内加速人体衰老的自由基，增强自身的免疫力，还能抵制老年斑的生成，从而使人健康长寿。其中富含维生素E的食物有植物油、大豆、芝麻、花生、核桃、瓜子仁、谷米等，其中的豆油含量最高；富含维生素C的食物有红枣、柑橘、辣椒、西红柿、猕猴桃等。

【锌】锌元素是免疫器官胸腺发育必需的营养素，只有锌量充足才能有效保证胸腺发育，正常分化T淋巴细胞，促进细胞免疫功能。锌量充足可防治病毒或细菌的侵袭，以免加重咳嗽。

【水】水容易透过细胞膜进入细胞促进人体的新陈代谢，增加血液中的血红蛋白含量，增强机体免疫功能，提高人体抗病能力。秋燥易使人处于缺水的状态，故预防秋燥咳嗽补水是关键。

合理膳食，巧防咳嗽

【多吃一些清淡、容易消化的食物】面食像面条之类的可以多吃，菜尽量吃些青菜，像上海青、山药、银耳等不仅具有滋阴祛燥的功效，还能缓解咳嗽。

【补水首选白开水】生活中常喝的饮品包括白水、茶水、饮料等，白水不含能量，又能解渴，是日常生活中的饮用佳品，而白水中又以白开水为佳。

【多吃些新鲜水果】秋燥犯肺时身体免疫力低下，这时最好多吃一些新鲜水果，补充维生素等，以增加人体自身的抵抗力。

【忌食肥甘厚味】中医认为，秋燥咳嗽为燥邪犯肺所致，日常饮食中，多食肥甘厚味可产生内热，无异于火上浇油，不仅会加重咳嗽，还会使痰多黏稠，不易咳出。严重者还会诱发哮喘，使疾病难以治愈。

推荐 食谱 玉竹白芷润肺汤

- **材料** 鸡腿700克，薏米100克，白芷、玉竹各10克，葱段、姜片各少许
- **调料** 盐、鸡粉各2克，料酒10毫升

- **做法**

① 锅中注入适量清水烧开，倒入洗净切好的鸡腿，淋入料酒，略煮一会儿，汆去血水。

② 将汆好的鸡腿捞出，装盘待用。

③ 砂锅中注入适量清水烧热，倒入玉竹、白芷、薏米，拌匀。

④ 盖上盖，用大火煮30分钟至药材析出有效成分。

⑤ 揭盖，倒入汆过水的鸡腿，放入姜片、葱段，加入料酒，拌匀。

⑥ 盖上盖，续煮10分钟至食材熟软。

⑦ 揭盖，搅拌均匀，加入盐、鸡粉，拌匀调味。

⑧ 关火后盛出煮好的汤料，装入碗中，即可食用。

调理功效

玉竹能养心、润燥，搭配薏米、白芷、鸡腿同煮，能润肺除燥，适合中老年人秋季饮用。

扫一扫看视频

推荐
食谱
沙参玉竹雪梨银耳汤

扫一扫看视频

●**材料** 沙参15克，玉竹15克，雪梨
150克，水发银耳80克，苹果
100克，杏仁10克，红枣20克

●**调料** 冰糖30克

●**做法**

①洗净的雪梨去核，切块；洗好的苹果去内核，切块。

②砂锅中注入适量清水烧开，倒入沙参、玉竹、雪梨、银耳、苹果、杏仁、红枣，拌匀。

③加盖，大火煮开转小火煮2小时至有效成分析出。

④揭盖，加入冰糖，拌匀。

⑤加盖，稍煮至冰糖溶化；揭盖，搅拌片刻至入味。

⑥关火后盛出煮好的汤，装入碗中即可。

调理功效

雪梨具有养心润肺、解毒清燥、止咳化痰等功效，常食能预防秋燥咳嗽。

 川贝杏仁粥

●材料　水发大米75克，杏仁20克，川贝母少许

●做法

①砂锅中注入适量清水烧热，倒入备好的杏仁、川贝母。

②盖上盖，用中火煮约10分钟。

③揭开盖，倒入大米，拌匀。

④再盖上盖，烧开后用小火煮约30分钟至食材熟透。

⑤揭开盖，搅拌均匀。

⑥关火后盛出煮好的粥即可。

🌱 调理功效

润肺的川贝、止咳的杏仁，搭配滋阴润肺的大米煮粥，是中老年人防治秋燥咳嗽的良品。

扫一扫看视频

百合蒸南瓜

●材料　南瓜200克，鲜百合70克，冰糖30克

●调料　水淀粉4毫升，食用油适量

●做法

①洗净去皮的南瓜切条，再切成块，整齐摆入盘中。

②在南瓜上摆上冰糖、百合，待用。

③蒸锅注水烧开，放入南瓜盘，盖上锅盖，大火蒸25分钟至熟软。

④掀开锅盖，将南瓜取出。

⑤另取1个锅，倒入糖水，加入水淀粉，搅拌匀，淋入食用油，调成芡汁。

⑥将调好的芡汁浇在南瓜上即可。

🌱 调理功效

百合含有蛋白质、脂肪、淀粉等成分，有清热解毒、润肺止咳等功效，可预防秋燥咳嗽。

扫一扫看视频

慢性咽炎

慢性咽炎属中医学"喉痹"范畴，为咽黏膜、黏膜下及淋巴组织的慢性炎症。本病在临床中常见，病程长，症状容易反复发作，多见于成年人。

预防慢性咽炎的关键营养素

【蛋白质】增加蛋白质的摄入能提高人体免疫力。人体免疫力的强弱与咽喉炎的复发与否有直接联系。吃富含胶原蛋白和弹性蛋白的食物，如猪蹄、蹄筋、鱼类、豆类、海产品等，有利于慢性咽炎损伤部位的修复。

【B族维生素】B族维生素有利于促进损伤咽部的修复，并消除呼吸道黏膜的炎症。应多摄入富含B族维生素的食物，如瘦肉、鱼类、新鲜水果、绿色蔬菜、奶类、豆类等。

【维生素C】维生素C能增加咽炎的抗体生成，调节炎症因子的生成和释放，减轻炎性反应。富含维生素C的蔬果有柠檬、猕猴桃、芹菜、柚子、草莓、花菜、西红柿等。

合理膳食，巧防慢性咽炎

【少荤多素，饮食清淡】清淡饮食可保持人体正常需要的营养素，既抵御秋季的干燥，又保证了咽部黏液腺的分泌，使咽黏膜得到充分润养。

【多吃一些有清热生津作用的新鲜蔬果】如梨、甘蔗、西瓜、白萝卜、丝瓜、马蹄、藕、冬瓜等，能清热生津，减轻咽喉部炎症。

【进食滋养咽喉的药材】如用金银花、野菊花和胖大海3味中药泡茶就是一剂非常好的润喉良药。另外，如咽喉含片、枇杷膏之类也能起到较好的辅助治疗效果。

【多喝水】水在人体有润滑作用，关节润滑剂、胃肠黏液、呼吸系统气道内的黏液、泌尿生殖道黏液等的生成都离不开水，清淡的温开水是很好的水分补充。

【戒烟酒，忌辛辣】烟、酒及辛辣刺激性的食物，均能刺激咽喉黏膜，导致咽干、咽痛、多痰、嘶哑、咽痒咳嗽等症状，所以预防咽炎首先要少酒、戒烟、禁辣。

推荐食谱 蜂蜜蒸木耳

- ●材料　水发木耳15克，枸杞少许
- ●调料　红糖、蜂蜜各少许

- ●做法
① 取1个碗，倒入洗好的木耳。
② 加入少许蜂蜜、红糖，搅拌均匀，倒入蒸盘中，备用。
③ 蒸锅上火烧开，放入蒸盘。
④ 盖上锅盖，用大火蒸约20分钟至食材熟透。
⑤ 关火后揭开锅盖，将木耳取出。
⑥ 撒上少许枸杞点缀即可。

🌾 调理功效

蜂蜜具有改善睡眠、保护肝脏、美容养颜等功效。还能在口腔内起到灭菌消毒的效果。

扫一扫看视频

推荐食谱 西芹百合炒白果

- ●材料　西芹150克，鲜百合100克，白果100克，彩椒10克
- ●调料　鸡粉、盐各2克，水淀粉3毫升，食用油适量

- ●做法
① 洗净的彩椒，切成大块；洗好的西芹切成小块，备用。
② 锅中注入适量清水，用大火烧开，倒入备好的白果、彩椒、西芹、百合，略煮一会儿。
③ 将焯好的食材捞出沥干，备用。
④ 热锅注油，倒入焯好的食材，加入少许盐、鸡粉，翻炒均匀。
⑤ 淋入少许水淀粉，翻炒片刻。
⑥ 关火后将炒好的菜肴盛出即可。

🌾 调理功效

西芹能增强免疫力，百合可清心润肺，白果能敛肺气、定喘，本品预防慢性咽炎效果佳。

扫一扫看视频

金银花茅根猪蹄汤

推荐
食谱

扫一扫看视频

●材料 猪蹄块350克，黄瓜200克，金
银花、白芷、桔梗、白茅根各
少许

●调料 盐、鸡粉各2克，白醋4毫升，
料酒5毫升

●做法

①黄瓜去瓤，切成小段；锅中注入适量清水烧开，倒入
猪蹄块，汆去血水，淋入白醋、料酒，略煮后捞出。

②砂锅中注水烧热，倒入金银花、白芷、桔梗、白茅
根，用大火煮至沸，倒入猪蹄，烧开后用小火煲约90
分钟。

③放入黄瓜，拌匀，加入盐、鸡粉，拌匀调味；盖上
盖，用小火续煮约10分钟，搅匀，关火后盛出即可。

🥄 调理功效

金银花搭配茅根能减轻咽喉部炎症；猪蹄富含胶
原蛋白，对修复咽喉部黏膜可起到促进作用。

 苦瓜菊花汤

● 材料　苦瓜500克，菊花2克

● 做法

①洗净的苦瓜对半切开，刮去瓤籽，斜刀切块。

②砂锅中注入适量的清水，大火烧开。

③倒入苦瓜，搅拌片刻，倒入菊花。

④搅拌片刻，煮开后略煮一会儿至食材熟透。

⑤关火，将煮好的汤盛出，装入碗中，即可食用。

 调 理 功 效

苦瓜具有清热解毒的功效，搭配菊花煮汤，能有效缓解中老年人慢性咽炎的症状。

扫一扫看视频

罗汉果灵芝甘草糖水

● 材料　罗汉果6克，灵芝、甘草各少许
● 调料　冰糖20克

● 做法

①砂锅中注入适量清水烧热，倒入备好的罗汉果、灵芝、甘草。

②盖上盖，烧开后用小火煮约1小时，至其析出有效成分。

③揭开盖，放入冰糖，拌匀。

④再盖上盖，用小火煮至冰糖溶化。

⑤关火后揭开盖，盛出煮好的糖水，滤入碗中即可。

 调 理 功 效

罗汉果具有润肺止咳、生津止渴，能使咽喉部得到充分的滋养，减轻慢性咽炎的症状。

扫一扫看视频

胃病

胃病为多种肠胃病的总称，年龄越大，发病率越高，特别是50岁以上的中老年人更为多见，男性高于女性，如不及时治疗，长期反复发作，极易转化为癌肿。

预防胃病的关键营养素

【亚麻酸和亚油酸】亚麻酸和亚油酸是构成胃黏膜的核心成分，为胃肠黏膜受损的修复提供原料。火麻油、深海鱼类、核桃中亚麻酸和亚油酸的含量丰富。

【维生素A】维生素A在防止胃溃疡恶变过程中也可能起一定作用。动物性食物如肉类、蛋类和奶类中，维生素A含量丰富。植物性食物中并不含维生素A，而含胡萝卜素，人体摄入后，在肝脏中转化为维生素A，蔬菜水果如胡萝卜、芹菜、西红柿、苋菜、桃子、柿子等均含丰富的胡萝卜素。

【维生素E】维生素E是一种良好的天然脂溶性维生素，在体内可保护易被氧化的物质，减少过氧化脂质的生成。同时，大量的维生素E又可促进毛细血管和小血管增生，并改善周围血液循环，增加供氧，从而给溃疡面愈合创造良好的营养条件。此外，尚可抑制幽门螺旋杆菌的生长，使溃疡病愈合后的复发率降低。

合理膳食，巧防胃病

【饮食宜素淡，少食肥甘厚味的食物】"胃喜淡薄而畏多谷"，素淡的食品利于人体的消化吸收，便于保护胃。

【饮食宜少】饮食宜少即指调和的多少要适度，少食可以养胃，晚饭宜少，食粘、硬、难消化的宜少；食荤、油腻的宜少；食腌制的宜少；食香燥煎炒的宜少；饮茶宜少；饮酒宜少。特别是中老年人，一日三餐，数量以八成饱为宜。

【细嚼慢咽】在充分咀嚼食物的过程中，唾液会大量分泌，可帮助人体消化。唾液入胃后，给胃壁形成了一层保护层，减少了对胃壁的破坏。同时，胃肠道、胰腺分泌的酶也会大量增加，促进食物的消化吸收。

杂菌豆腐汤

● 材料　水豆腐100克，香菇15克，真姬菇50克，木鱼花3克

● 做法

① 水豆腐横刀切片，切成条

② 洗净真姬菇根部，用手撕成小瓣。

③ 洗净的香菇切十字刀，切成四瓣。

④ 备1个碗，放入真姬菇、香菇、水豆腐、木鱼花。

⑤ 注入适量的凉开水，用保鲜膜将碗口盖住。

⑥ 备好微波炉，打开炉门，将备好的食材放入。

⑦ 关上炉门，启动微波炉，微波约3分30秒。

⑧ 待时间到，打开炉门，将食材取出，揭去保鲜膜即可。

⑨ 待稍微放凉后即可食用。

🌾 调理功效

本品食材多样，但制法简单，且清淡，有营养又易消化，非常适宜有胃病的中老年人食用。

扫一扫看视频

推荐食谱 山药蒸鲫鱼

扫一扫看视频

●材料　鲫鱼400克，山药80克，葱条30克，姜片20克，葱花、枸杞各少许

●调料　盐、鸡粉各2克，料酒8毫升

●做法

①山药切成粒，处理干净的鲫鱼两面切上一字花刀。

②将鲫鱼装入碗中，放入姜片、葱条，加入适量料酒、盐、鸡粉，拌匀，腌渍15分钟，至其入味。

③将腌渍好的鲫鱼装入盘中，撒上山药粒，放上姜片。

④把蒸盘放入烧开的蒸锅中，盖上盖，用大火蒸10分钟，至食材熟透；揭开盖，取出蒸好的山药鲫鱼，夹去姜片，撒上葱花、枸杞即可。

调理功效

山药具有滋养强壮、助消化、止泻之功效，搭配鲫鱼食用能防治因消化不良所致的慢性肠炎。

推荐食谱 丝瓜粳米泥

●材料　丝瓜55克，粳米粉80克

●做法

①洗净去皮的丝瓜切开，去籽，切成条，再切丁。

②取1个碗，倒入丝瓜丁、粳米粉。

③注入适量的清水，充分搅拌匀。

④将拌好的丝瓜粳米泥倒入备好的蒸碗中，待用。

⑤电蒸锅注水烧开，放入丝瓜粳米泥，盖上盖，调转旋钮定时15分钟至蒸熟。

⑥掀开盖，将其取出，即可食用。

 调理功效　　扫一扫看视频

粳米中含有丰富的蛋白质，能健脾胃、补中气，可防治因脾胃虚弱所致的胃病。

推荐食谱 牛奶鸡蛋小米粥

●材料　水发小米180克，鸡蛋1个，牛奶160毫升

●调料　白糖适量

●做法

①把鸡蛋打入碗中，搅散调匀，制成蛋液，待用。

②砂锅中注入适量清水烧热，倒入洗净的小米。

③盖上盖，大火烧开后转小火煮约55分钟，至米粒变软。

④揭盖，倒入备好的牛奶，搅拌匀，用大火煮沸。

⑤加入少许白糖，拌匀，再倒入备好的蛋液，搅拌匀，转中火煮一会儿，至液面呈现蛋花。

⑥关火后盛出煮好的小米粥即可。

调理功效　　扫一扫看视频

小米膳食纤维含量多，搭配牛奶与鸡蛋，不仅能养脾胃，还能健胃消食，减轻胃肠负担。

便秘

中老年人随着年龄的增加会使肠管的张力和蠕动减弱，食物在肠道停留过久，水分易被吸收，导致大便燥结；年龄的增加还会使胃结肠反射减弱，参与排便的肌肉张力低下，从而引起便秘。

预防便秘的关键营养素

【膳食纤维】膳食纤维，被誉为"肠道的清道夫"，包括水溶性和不可溶性两种。水溶性纤维素能软化粪便，增加肠道益生菌数量，调整人体内的微生态平衡；不可溶性纤维素能在肠道内吸水膨胀，刺激肠壁，加快肠道蠕动以及吸附有害物质，并将其排出体外。

【维生素B$_1$】维生素B$_1$对分解乙酰胆碱的胆碱酯酶有抑制作用。当人体缺乏维生素B$_1$时，胆碱酯酶活性增高，会引起排便神经传导障碍，影响支配胃肠道、腺体等处的神经传导，从而造成胃肠蠕动缓慢、消化腺分泌减少、肠壁松弛等，进而引起便秘。

【维生素D】维生素D可促进钙的吸收，有利于肠道平滑肌收缩，促进肠蠕动，可改善因肠道问题所引起的便秘。对于容易便秘的中老年人来说，适量补充维生素D既可促进钙的吸收，预防骨质疏松，还有助于改善因肠道平滑肌收缩障碍引起的便秘。

合理膳食，巧防便秘

【避免进食过少或食品过于精细】过于精细的食物胃肠道容易消化吸收，进入肠道的残渣就会减少，无粪便形成或形成量少无法刺激肠壁蠕动，影响排便。

【可适当喝酸奶】酸奶中的乳酸菌能够调节机体胃肠道正常菌群，在肠道中形成生物膜，提供屏障，维持肠道酸性环境，防止坏菌在肠道定居繁殖、产生有毒物质，以利于大便的排出。

【多食产气食物】当气机运行不畅、阻滞时，人就容易便秘。便秘患者可多食用产气食物，如土豆、白萝卜、洋葱、黄豆、香蕉、柚子等帮助产生气体，气体在肠内鼓胀能增加肠蠕动，起到下气利便的作用。

蜜烤香蕉

扫一扫看视频

●材料　香蕉200克，柠檬80克
●调料　蜂蜜30克

●做法

①香蕉去皮；洗好的柠檬对半切开。

②用油起锅，放入香蕉，煎约1分钟至两面微黄。

③关火后夹出煎好的香蕉，放入烤盘中待用。

④将香蕉刷上蜂蜜，挤上柠檬汁；取烤箱，放入烤盘。

⑤关好箱门，将上火温度调至180℃，选择"双管发热"功能，再将下火温度调至180℃，烤10分钟至香蕉熟透，取出烤盘，将烤好的香蕉放入盘中即可。

🌱 调理功效

香蕉具有消除疲劳、清热润肠等功效，搭配柠檬食用有美白肌肤、预防便秘等功效。

扫一扫看视频

生菜南瓜沙拉

- **材料** 生菜、南瓜各70克，胡萝卜、
  紫甘蓝各50克，牛奶30毫升
- **调料** 沙拉酱、番茄酱各适量

- **做法**

①洗净去皮的胡萝卜切成厚片，再切
条，改切成丁。

②洗净去皮的南瓜切开，切成粗条，再
切成丁。

③择洗好的生菜切成块；洗净的紫甘蓝
对切开，切成丝。

④锅中注入适量的清水大火烧开。

⑤倒入胡萝卜、南瓜，汆至断生，倒入
紫甘蓝，搅匀，略煮片刻。

⑥将汆好的食材捞出，放入凉水中，待
冷却后捞出。

⑦将汆好的食材装入碗中，放入生菜，
搅匀。

⑧取1个盘，倒入蔬菜、牛奶，挤上适
量的沙拉酱、番茄酱即可。

调理功效

生菜和南瓜都富含膳食纤维，能刺
激肠壁，加快胃肠蠕动，还能将分
解代谢产生的有害物质排出体外。

推荐食谱 泽泻蒸马蹄

●材料　马蹄200克，泽泻粉5克
●调料

●做法
①取1个碗，倒入备好的马蹄、泽泻粉，搅拌匀。
②蒸锅上火烧开，放入蒸碗。
③盖上锅盖，大火蒸30分钟至熟透。
④掀开锅盖，将马蹄取出即可食用。

🍃 调理功效

马蹄富含维生素、膳食纤维，有清热泻火的功效，胃热肠燥的便秘患者可常食马蹄。

扫一扫看视频

推荐食谱 糙米牛奶

●材料　牛奶60毫升，水发糙米170克，香草粉、抹茶粉、肉桂粉各15克
●调料　盐、白糖各2克，食用油适量
●做法
①取出洗净的榨汁杯，放入泡好的糙米，注入约150毫升凉开水，加入盐、白糖、食用油。
②盖上盖，将榨汁杯安在榨汁机上，榨约30秒成糙米汁。
③锅置火上，倒入糙米汁，用中小火煮至微开，倒入肉桂粉。
④搅拌均匀，注入约500毫升清水，稍煮2分钟，边煮边搅拌。
⑤倒入牛奶、香草粉，搅匀，续煮1分钟，关火后盛出，再放上抹茶粉即可。

🍃 调理功效

糙米所含的不可溶性纤维素能在肠道内吸水膨胀，刺激肠壁，加快肠蠕动，防治便秘。

扫一扫看视频

失眠

中老年失眠在病因病机方面除了与精神思想因素有关外，还有可能是由年老带来的全身和大脑皮质生理变化所导致的，治疗应从这两方面下手。

预防失眠的关键营养素

【钙】成年人缺钙晚上会入睡困难，睡着了也容易腿抽筋。缺钙时，人的神经和肌肉都处于兴奋状态，易引起失眠。所以平时要注重奶类、豆制品、绿叶菜、坚果等含钙丰富的食物的摄入。

【镁】镁是放松大脑的重要营养物质，可以放松神经、舒缓肌肉。缺乏镁的症状包括肌肉疼痛、抽筋和痉挛，此外还有焦虑和失眠。在食物中，镁的首要来源是种子和坚果，新鲜蔬菜和水果中也含有丰富的镁，尤其是在菠菜和甘蓝等深绿色绿叶蔬菜中。

【B族维生素】B族维生素是一类和神经系统健康密切相关的维生素，尤其是维生素B_1、维生素B_6、叶酸、维生素B_{12}等对神经的镇定和情绪的改善作用非常明显。平时应注重粗粮、坚果、豆类、绿叶菜、香蕉、瘦肉的摄入，少量吃一些内脏也是可以的。

合理膳食，巧防失眠

【注意摄取有养心安神、促进睡眠作用的食物】蛋、牛奶、酸奶、奶酪等含有的色氨酸可促进大脑分泌出使人困倦的5-羟色胺，可常食。另外还可进食核桃、百合、桂圆、莲子、红枣、小麦、蜂蜜等养心安神的食物。

【睡前喝少量牛奶、糖水】牛奶中的色氨酸具有抑制大脑皮层兴奋性的作用，可使失眠患者兴奋的神经安静下来。有些失眠患者由于心情不好，大脑中所含的血清素不足，糖水可以在体内产生血清素，及时补充大脑的需要。

【忌过食辛辣和不消化的食物】过多食用辛辣刺激性食物，如辣椒等，能够兴奋神经，加重神经衰弱、失眠。过食不易消化的食物，如油炸食品、肥肉、黏米、黏面，在胃中的存留时间过长，影响睡眠。

蒸红袍莲子 推荐食谱

扫一扫看视频

● 材料　水发红莲子80克，大枣150克
● 调料　白糖3克，水淀粉5毫升，食用
　　　　油适量

● 做法
① 大枣用剪刀剪开，去除枣核，将莲子放入大枣中。
② 装入盘中，再注入少量温开水，待用。
③ 蒸锅上火烧开，放上红枣，盖上锅盖，中火蒸30分钟至熟软；掀开锅盖，取出红枣。
④ 将剩余的汁液倒入锅中，烧热。
⑤ 加入少许白糖、食用油，倒入少许水淀粉，调成糖汁，浇在红枣上即可。

🌱 调理功效

红莲子具有补血养颜、养心安神的功效，对心肾不交所致的失眠多梦有很好的防治效果。

🍃 调理功效

桑葚能改善阴血不足所致的烦躁失眠，桂圆能养血安神，搭配牛奶饮用，可防治失眠。

推荐食谱 桂圆桑葚奶

●材料　桂圆肉80克，桑葚30克，牛奶120毫升

●做法
①砂锅中注入少许清水，用大火烧开。
②放入洗好的桂圆肉、桑葚，倒入备好的牛奶。
③将食材搅拌均匀。
④用中火煮至沸。
⑤关火后盛出煮好的汤料，装入碗中，即可食用。

🍃 调理功效

百合能清心除烦、宁心安神，枣仁可用于神经衰弱，失眠的中老年人可饮用本品。

推荐食谱 枣仁鲜百合汤

●材料　鲜百合60克，酸枣仁20克

●做法
①将洗净的酸枣仁切碎，备用。
②砂锅中注入适量清水烧热，倒入切好的酸枣仁。
③盖上盖，用小火煮约30分钟，至其析出有效成分。
④揭盖，倒入洗净的百合，搅拌匀。
⑤用中火煮约4分钟，至食材熟透。
⑥关火后盛出煮好的汤料，装入碗中，即可食用。

推荐食谱 燕窝百花豆腐

- **材料** 新鲜墨鱼200克，虾仁120克，白菜70克，豆腐270克，水发燕窝少许，蛋清30毫升，鲜汤适量
- **调料** 盐、鸡粉各2克，料酒、水淀粉各适量

- **做法**

①将洗净的虾仁切开，压碎，切成泥；洗净的白菜切成条形，再切成碎末。

②洗好的墨鱼切开，撕去外层的薄膜，切成条形，再剁成细末。

③豆腐切成长方形，在中间挖出方形孔洞，放入盘中待用。

④锅中注入适量清水烧开，倒入白菜，拌匀，煮至断生，捞出，沥干。

⑤把虾泥装碗，加入墨鱼、白菜，放入盐、鸡粉、料酒、蛋清、水淀粉，拌匀，制成馅料。

⑥将豆腐块装入蒸盘中，将馅料填在方形孔洞中，点缀上燕窝，备用。

⑦蒸锅置于火上烧开，放入蒸盘，盖上盖，用中火蒸煮15分钟；揭盖，取出蒸盘，待用。

⑧锅置于火上烧热，倒入鲜汤，加入少许盐、鸡粉、拌匀，用水淀粉勾芡，加入蛋清，拌匀，调成味汁。

⑨关火，将调好的味汁浇在蒸好的菜肴上即可。

🍃 调理功效

本品中含有的铁能参与人体细胞内信号的传导、神经递质的释放和肌肉的收缩，有利于睡眠。

扫一扫看视频

脱发

中老年人到了一定的年纪后，会因为身体机能的下降，代谢的减缓，而导致头发的供给不足，同时皮肤老化等现象，出现掉发是非常正常的事情。

预防脱发的关键营养素

【铁】头发的生长过程中需要铁的合成，头发健康的生长，补铁非常的重要，铁质丰富的食物有黄豆、黑豆、蛋类、带鱼、虾、熟花生、菠菜、鲤鱼、香蕉、胡萝卜、土豆等。这些食物对脱发掉发情况都非常有帮助。

【维生素E】维生素E可抵抗毛发衰老，促进细胞分裂，使毛发生长。可以用来防治脱发的食材有：芹菜、苋菜、菠菜、枸杞菜、芥菜、金针菜等。

【碘】含碘高的食物能促进脑神经细胞的新陈代谢，有利于头发生长。含碘高的食物有海带、紫菜、牡蛎等。

【维生素A】头发脱落和头皮屑是维生素A缺乏的常见症状。鱼类、虾以及蛋类食物中含有较丰富的维生素A，胡萝卜、菠菜、莴笋叶等蔬菜中均含有类胡萝卜素，可在人体内转化为维生素A。

合理膳食，巧防脱发

【多吃含碱性物质的蔬菜和水果】脱发及头发变黄的因素之一是由于血液中有酸性毒素，长期过食纯糖类和脂肪类食物，易使人体产生酸性毒素，而碱性的蔬果能中和血液中的酸性毒素。碱性的蔬果有洋葱、莲藕、生菜、金针菇、冬瓜、哈密瓜等。

【合理摄入优质蛋白质】每天摄入的蛋白质是头发的助长剂。可合理摄入含优质蛋白质的鱼类。肉类、蛋类、豆制品和牛奶等食物。

【多进食富含矿物质的食物】微量元素中的铜、铁等在维持头发的健康方面有着重要的作用，因此要多吃富含矿物元素的绿色蔬菜等食物。

菠菜黑芝麻奶饮 推荐食谱

扫一扫看视频

●材料　菠菜200克，磨碎的黑芝麻20克，牛奶100毫升

●调料　蜂蜜20克

●做法

①洗净的菠菜切段。

②沸水锅中倒入菠菜段，汆烫2分钟至断生。

③捞出汆好的菠菜段，沥干水分，装盘待用。

④榨汁机中倒入菠菜段，加入黑芝麻碎，倒入牛奶。

⑤注入50毫升凉开水，盖上盖，榨约25秒成蔬果汁。

⑥揭开盖，将榨好的蔬果汁倒入杯中，淋上蜂蜜即可。

🌱 调理功效

菠菜富含维生素A和维生素E，可延缓毛发衰老，促进细胞分裂，使毛发生长，防治脱发。

推荐食谱 **黑豆核桃乌鸡汤**

●材料　乌鸡块350克，水发黑豆80克，水发莲子、核桃仁各30克，红枣25克，桂圆肉20克

●调料　盐2克

●做法

①锅中注入适量清水烧开，倒入乌鸡块，汆片刻。

②关火，捞出汆好的乌鸡块，沥干水分，装盘待用。

③砂锅中注入适量清水，倒入乌鸡块、黑豆、莲子、核桃仁。

④放入备好的红枣、桂圆肉，拌匀。

⑤加盖，大火煮开转小火煮3小时至食材熟软。

⑥揭盖，加入盐，搅拌片刻至入味。

⑦关火，盛出煮好的汤，装入碗中，即可食用。

扫一扫看视频

🌾 调理功效

黑豆中含有丰富的铁，乌鸡能补虚，搭配核桃煮汤可缓解中老年人脱发的症状。

 首乌芝麻糊

- **材料** 山药95克，首乌70克，黑芝麻粉170克
- **调料** 白糖适量

- **做法**
① 洗净去皮的山药切条，再切丁。
② 砂锅中注入适量的清水，大火烧开。
③ 倒入备好的山药、首乌、黑芝麻粉，搅匀至糊状。
④ 待成糊状，加入白糖，搅匀。
⑤ 关火，将煮好的芝麻糊盛出即可。

 调理功效

扫一扫看视频

首乌和黑芝麻都能入肾经，中老年人食用不仅能乌须发，还能预防脱发。

黑芝麻黑豆浆

- **材料** 黑芝麻30克，水发黑豆45克

- **做法**
① 把洗好的黑芝麻倒入豆浆机中，倒入洗净的黑豆。
② 注入适量清水，至水位线即可。
③ 盖上豆浆机机头，选择"五谷"程序，再选择"开始"键，开始打浆。
④ 待豆浆机运转约15分钟，即成豆浆。
⑤ 将豆浆机断电，取下机头，把煮好的豆浆倒入滤网，滤取豆浆。
⑥ 倒入碗中，用汤匙撇去浮沫即可。

调理功效

扫一扫看视频

此豆浆中富含的铁可调节头皮的血液循环，同时可以增加体内黑色素，有利于头发生长。

抑郁症

　　抑郁症一般被分为外源性和内源性两大类。所谓外源性，通常是指对生活中的不幸事件、工作和学习的压力等精神刺激事件反应的结果。而内源性则是遗传成分比较突出，是抑郁症的一种常见类型。

预防抑郁症的关键营养素

　　【镁】镁被称为精神紧张的解药，是一种使我们身体可以收缩和放松肌肉。在日常饮食中增加含镁食物，有助于提高你的情绪。如坚果类、豆类、深绿叶蔬菜还有粗粮，都可以提高镁的摄入量。

　　【维生素B$_{12}$】维生素B$_{12}$的缺乏会影响你的心理健康。有研究表明，患有严重抑郁的老年妇女中，超过1/4的人维生素B$_{12}$不足。维生素B$_{12}$主要存在于动物性食物（肉、鱼、家禽、蛋、奶）和贝类海鲜中，大多数成年人每日需要消耗2.4微克维生素B$_{12}$。

　　【叶酸】低叶酸水平的人对抗抑郁药物治疗的反应率只有7%，而高叶酸水平的人可以达到44%。因此很多精神科医生将叶酸用来辅助治疗，提高抗抑郁药的有效性。可以选择通过食用富含叶酸的绿叶蔬菜、豆类和柑橘类等食物获取。

　　【碘】碘缺乏会影响甲状腺功能，甲状腺功能减弱后，人会感到情绪低落。碘盐、海藻、虾或鳕鱼等都有助于补碘。成人补碘的每日推荐量为150微克。

合理膳食，巧防抑郁症

　　【以高蛋白、高纤维素、高热量的饮食为主】抑郁会导致失眠，而长期的失眠会消耗你大量的能量，故应及时补充高蛋白、高纤维、高热量的食物。

　　【可适当增加糖类的摄入量】糖类对大脑有一定的安定作用，饮食中糖类含量降低可造成5-羟色胺流失及产生抑郁症。可适量进食含糖量高的蔬菜和水果，如葡萄、香蕉、苹果、土豆、山药、胡萝卜等。

　　【多食入心经的食物】宜多吃入心经的食物，如莲藕、绿豆、红豆、小麦等。

推荐食谱 土豆金枪鱼沙拉

- **材料** 土豆150克，熟金枪鱼肉50克，玉米粒40克，蛋黄酱30克，洋葱15克，熟鸡蛋1个

- **调料** 盐少许，黑胡椒粉2克

- **做法**

①土豆切滚刀块；洗好的洋葱切丝，再切丁；把熟金枪鱼肉撕成小片。

②取熟鸡蛋，去除蛋壳，对半切开，再切小瓣。

③锅中注清水烧开，倒入玉米粒，用大火煮至食材断生；捞出材料，沥干水分，待用。

④取1个小碗，倒入备好的蛋黄酱，放入洋葱丁，搅拌匀，撒上少许黑胡椒粉，拌匀。

⑤加入盐，搅匀，制成酱料，待用。

⑥蒸锅置火上烧开，放入土豆块，盖上盖，用中火蒸至食材熟透；揭盖，取出食材，待用。

⑦取1个大碗，放入蒸熟的土豆块，倒入焯过水的玉米粒，放入金枪鱼肉。

⑧加入调好的酱料，搅拌均匀，至食材入味。

⑨将拌好的沙拉盛入盘中，再放上切好的熟鸡蛋，摆好盘即成。

调理功效

金枪鱼含有 ω-3脂肪酸，能减轻抑郁症症状，同时脂肪含量少，中老年人可适当食用。

扫一扫看视频

推荐食谱 脱脂奶鸡蛋羹

扫一扫看视频

●材料　鸡蛋2个，脱脂牛奶150毫升

●做法

①把鸡蛋打入碗中，搅散、拌匀。

②倒入脱脂牛奶，注入清水，拌匀，制成蛋液，待用。

③取1个蒸碗，倒入调好的蛋液，至八分满。

④再覆上1层保鲜膜，盖好，静置一小会，待用。

⑤蒸锅上火烧开，放入蒸碗，盖上盖，用大火蒸约10分钟，至食材熟透。

⑥关火后揭开盖，取出蒸碗，冷却后去除保鲜膜即可。

🌱 调理功效

脱脂奶含有具有类似麻醉镇静作用的天然吗啡类物质，能减少情绪波动。

推荐 食谱 葡萄柚黄瓜汁

●材料 葡萄柚120克，黄瓜50克，柠檬20克

●做法
①洗净的葡萄柚去皮，切成小块。
②洗净的黄瓜去皮，切成条，再切成丁，待用。
③备好榨汁机，倒入切好的葡萄柚块、黄瓜丁。
④挤入适量的柠檬汁，倒入凉开水。
⑤盖上盖，将旋钮调转至1档，榨取蔬果汁。
⑥打开盖，将蔬果汁倒入杯中即可。

🍃 调理 功效

葡萄柚中的酸性物质，可以消除疲劳、美化肌肤，中老年人食用能有效对抗抑郁症。

扫一扫看视频

推荐 食谱 菠菜香蕉牛奶汁

●材料 菠菜50克，香蕉40克，牛奶180毫升

●做法
①洗净的菠菜切去根部，改切成段。
②香蕉去除表皮，对半切开，切成厚片，待用。
③往榨汁杯中倒入香蕉、菠菜、牛奶。
④加盖，将榨汁杯安装在榨汁机底座上，开始榨汁，榨约1分钟。
⑤揭盖，将榨好的汁倒入杯中即可。

🍃 调理 功效

香蕉能促进大脑分泌内啡物质，可防治抑郁，能缓和紧张情绪，降低疲劳感。

扫一扫看视频

Part 5

蓄存健康正能量
——中老年人冬季养生与防病饮食

冬季养生是我国流传已久的养生智慧，一向为人们所重视。冬季适当进补，能够为人体储藏更多的营养物质，养精蓄锐，为来年春天机体的复苏做好准备。同时，冬季也是中老年疾病的多发期，合理的饮食调养还能提高人体的免疫功能，防治各种疾病。

中老年人冬季养生，养精蓄锐

冬季气候寒冷，万物闭藏，人体的新陈代谢较为缓慢，体内阳气处于蛰伏状态，人体易受寒邪入侵，引发疾病。此时，应顺应气候与人体变化特征，通过饮食进行温补，保存阳气、养精蓄锐，增加机体防寒能力，改善体质。

◎ 中老年人冬季养生饮食原则

【多吃养肾的食物】冬季是万物闭藏的季节，中医认为，此时应顺应自然收藏之势，注意养生调肾，在进补上要以肾为中心，多吃养肾的食物，以使来年身体更好。中老年人可根据自身体质选择恰当食物进补，肾阴虚者可选用绿豆、银耳、板栗、粟米、枸杞、海参等食物进行滋补，肾阳虚者宜选择羊肉、鹿茸、肉苁蓉、肉桂、生姜、核桃、韭菜等食物。此外，黑色食物也有补肾强肾的功效，如黑米、黑豆、黑木耳、紫菜、海带等。

【多补充热量性食物】冬季，人体代谢易受寒冷气候的影响，蛋白质、脂肪、碳水化合物3大类热源性营养素的分解速度加快，人体热量易散失。因此，冬季饮食应以增加热量性食物为主，可适当摄入富含碳水化合物和脂肪的食物，增加机体对低温的耐受力。还应多摄入富含优质蛋白质的食物，如瘦肉、鸡蛋、鱼类、豆类及其制品等，这些食物所含的蛋白质，不仅便于人体吸收，且富含人体所必需的氨基酸，可增加中老年人的耐寒和抗病能力。

【摄入适量的维生素】冬季来临，人体容易出现维生素供给不足的现象，如缺乏维生素C导致不少中老年人发生口腔溃疡、牙根肿痛、出血、大便秘结等症状。因此，在日常饮食中应注意摄入适量的维生素，可以选择大白菜、白萝卜、胡萝卜、黄豆芽、绿豆芽、上海青等蔬菜予以补充。还可适当吃些薯类食品，如红薯、土豆等，均富含维生素C和B族维生素。

【多喝汤】冬季喝汤，对中老年人滋补祛病、防寒抗寒大有好处。多喝海带汤，可促进人体新陈代谢，有降压降脂、利尿消肿、防癌抗癌、提高人体免疫力的功效；常喝骨头汤，可以补充蛋白质以及维生素，不仅能强壮筋骨，还能保护皮肤、延缓衰老；常喝蔬菜汤，可以补益人体所需的维生素，排出体内毒素，还有健脾开胃、降糖降脂等功效。要注意，汤的温度以50度以下为宜，这样既能起到滋补强身的作用，又不会损伤口腔、胃黏膜。

【吃好早餐】中老年人早餐吃得好，一天的身体和精神也会好。中老年人冬季的早餐以软热食物为好，如杂粮粥、果仁糊、小馄饨等都是不错的选择。早餐时间以七八点为佳，不宜太早，以免加重胃肠道负担。吃早餐前，先喝一杯温开水暖暖胃，更有利于食物的消化吸收。定时定量吃早餐，对中老年人的脾胃较有好处。此外，应尽量少选用甜食类、动物肝脏类、油炸类食品作早餐。

◎ 中老年人冬季食补秘籍

"冬三月者为封藏"，也就是说，一到冬三月，人体摄入的营养物质容易贮藏起来，正是养精蓄锐的大好时期。中老年人可依据个人不同的体质，在这个进补效率较高的季节补益身体，增强免疫力，提高抵御疾病的能力。

【**肾气不足者**】可多吃黑米、大枣、黑豆、黑芝麻、紫菜、海带等食物。

【**脾胃虚弱者**】应适量吃些小米、糯米、莲心、山药、扁豆、鹌鹑等补益脾胃的食物。

【**阴虚内热者**】宜进食滋阴润肺的食物，如百合、芝麻、豆腐、梨、甘蔗、蜂蜜等。

【**中老年人若常出现手脚冰凉等现象，应多吃些温性的食物**】羊肉、鸡肉、鹌鹑、大蒜、生姜、洋葱、桂圆、栗子等，可为老年人祛除寒气，还有增强体质的功效。

◎ 中老年人冬季日常保健

【**改善居室环境**】冬季气温低，人们为了保暖常将门窗紧闭，室内空气往往干燥、污浊，容易引起呼吸道疾病。因此，在控制室内温度的同时，应注意室内空气流通和温度调节，及时打开门窗通风，保持空气的新鲜干净。

【**进行体育锻炼**】中老年人冬季不可整天待在室内，在力所能及的情况下，应坚持每天锻炼。这对增强体质、防病保健大有裨益。锻炼的项目、强度可因人而异，应尽量选择适合自己的运动，循序渐进。多进行一些全身性的运动，如打太极拳、慢跑、做操等。

【**加强保暖**】由于中老年人的主要脏器逐渐老化，功能减弱，适应性差，故当寒潮袭来时，高血压、脑卒中的发病率增高，心血管病人容易出现心绞痛、心肌梗死及心衰。严寒还是伤风感冒、支气管炎、肺心病、肺气肿、哮喘病的重要诱因。因此，中老年人平时应加强防寒保暖。外出时要戴好手套和耳套，衣着以松软、轻便、贴身、保暖为宜。

推荐食谱 蒜蓉炒芥蓝

- ●材料　芥蓝150克，蒜末少许
- ●调料　盐3克，鸡粉少许，水淀粉、
　　　　芝麻油、食用油各适量

●做法

①将洗净的芥蓝切除根部。

②锅中注入适量清水烧开，加入少许盐、食用油，略煮一会儿。

③倒入切好的芥蓝，充分搅散，焯约1分钟。

④食材断生后捞出，沥干水分，待用。

⑤用油起锅，撒上蒜末，爆香，倒入焯过水的芥蓝，炒匀炒香。

⑥注入少许清水，加入少许盐，撒上鸡粉，炒匀调味。

⑦用水淀粉勾芡，滴上芝麻油，炒匀炒透，关火后盛在盘中，摆好盘即可。

扫一扫看视频

调理功效

芥蓝的质地脆嫩，清淡爽口，有开胃消食的作用，可改善中老年人的消化功能。

糖醋土豆丝

推荐食谱

- ●材料　去皮土豆200克，葱段、蒜末、姜末各少许
- ●调料　盐、白糖、鸡粉各3克，陈醋5毫升，食用油适量
- ●做法

①土豆切片，再切成丝。

②将切好的土豆丝倒入凉水中，去除多余的淀粉，待用。

③热锅注油烧热，倒入姜末、葱段、蒜末，爆香。

④倒入土豆丝，翻炒片刻，注入适量的清水。

⑤撒上盐、白糖，加入陈醋，撒上鸡粉，充分炒匀入味，关火后将炒好的土豆丝盛入盘中即可。

调理功效

土豆含有丰富的淀粉和蛋白质，可为中老年人补充充足的热量，其富含的膳食纤维可增加饱腹感，还能通便排毒，尤适宜冬季食用。

胡萝卜丝炒包菜

推荐食谱

- ●材料　胡萝卜150克，包菜200克，圆椒35克
- ●调料　盐、鸡粉各2克，食用油适量

- ●做法

①洗净去皮的胡萝卜切片，改切成丝；洗好的圆椒切细丝。

②洗净的包菜切去根部，再切成粗丝，备用。

③用油起锅，倒入胡萝卜，炒匀，放入包菜、圆椒，炒匀。

④注入少许清水，炒至食材断生。

⑤加入少许盐、鸡粉，炒匀调味，关火后盛出炒好的菜肴即可。

调理功效

扫一扫看视频

胡萝卜含胡萝卜素和多种微量元素，中老年人食用可预防牙根肿痛、大便秘结等症状。

扫一扫看视频

推荐食谱 芝麻蔬菜沙拉

●材料 生菜、圣女果各40克，黄瓜60克，熟白芝麻10克，酸奶15克

●调料 沙拉酱适量

●做法

①洗净的圣女果对半切开。

②洗净的黄瓜对半切开，再切成片，装盘待用。

③洗好的生菜撕成小块。

④把生菜装入碗中，加入部分黄瓜、圣女果，搅拌匀。

⑤取1个盘子，摆上剩余的黄瓜片，倒入拌好的食材，倒入备好的酸奶。

⑥挤上沙拉酱，撒上芝麻即可。

调理功效

本品富含维生素C、维生素E等多种维生素，有助于中老年人增强体质。

推荐食谱 素炒小萝卜

●材料 小萝卜200克，蒜苗40克，香菜8克，姜片5克

●调料 盐、鸡粉各1克，生抽4毫升，食用油适量

●做法

①洗净的小萝卜切滚刀块，洗好的蒜苗切成段，洗净的香菜切段。

②用油起锅，倒入姜片，爆香，放入小萝卜，翻炒数下。

③加入生抽，炒匀，注入少许清水，搅匀，加入盐，加盖，焖3分钟至小萝卜熟软。

④揭盖，放入切好的蒜苗，炒匀，加入鸡粉，炒匀调味。

⑤放入香菜，稍稍炒匀，关火后盛出菜肴，装盘即可。

调理功效

小萝卜水分充足，所含的芥子油可促进胃肠蠕动，可预防中老年人发生便秘。另外，其本身的辣味可以刺激胃液分泌，可起到开胃化痰的功效。

白菜梗拌胡萝卜丝

扫一扫看视频

●材料　白菜梗120克，胡萝卜200克，
　　　青椒35克，蒜末、葱花各少许

●调料　盐3克，鸡粉2克，生抽3毫
　　　升，陈醋6毫升，芝麻油适量

●做法

① 洗净的白菜梗切粗丝，洗好去皮的胡萝卜切细丝。

② 洗净的青椒去籽，切成丝，把切好的食材装在盘中。

③ 锅中注水烧开，加入盐、胡萝卜丝，煮约1分钟。

④ 放入白菜梗、青椒，再煮半分钟，至食材断生后捞出。

⑤ 把焯好的食材装碗，加盐、鸡粉、生抽、陈醋、芝麻油，撒上蒜末、葱花，搅拌一会儿，至食材入味，取1个干净的盘子，盛入拌好的材料即成。

调理功效

胡萝卜热量高，适合冬季滋补之用，有补益脾胃、补血强身、预防老年人视力减退的作用。

扫一扫看视频

推荐食谱 板栗煨白菜

- ●材料　白菜400克，板栗肉80克，高汤180毫升
- ●调料　盐2克，鸡粉少许
- ●做法

①将洗净的白菜切开，再改切成瓣，装盘备用。

②锅中注入适量清水烧热，倒入备好的高汤。

③放入洗净的板栗肉，拌匀，用大火略煮，待汤汁沸腾，放入切好的白菜。

④加入少许盐、鸡粉，拌匀调味，盖上盖，用大火烧开后转小火焖约15分钟，至食材熟透。

⑤揭盖，撇去浮沫，关火后盛出煮好的菜肴，装入盘中，摆好即可。

🍃 调理功效

板栗有健脾暖胃、益气补肾、壮腰强筋的功效，老年人食用可预防腰膝酸软、腰腿不利。

推荐食谱 土豆炖白菜

- ●材料　去皮土豆165克，白菜200克，八角1个，姜片、葱碎各少许
- ●调料　胡椒粉、盐各2克，鸡粉1克，食用油适量
- ●做法

①土豆切成长短均一的小条，洗净的白菜切条，待用。

②用油起锅，放入八角，加入姜片、葱碎，爆香。

③倒入切好的土豆条，翻炒数下，放入切好的白菜条，翻炒数下。

④注水至没过食材，搅匀，加入盐，加盖，用大火煮开后转小火炖15分钟至食材熟软。

⑤揭盖，加入鸡粉、胡椒粉，搅匀调味，盛出土豆炖白菜，装碗即可。

🍃 调理功效

土豆炖白菜味道清淡，其维生素B_1、维生素B_2、维生素B_6、膳食纤维含量丰富，老年人冬季食用能起到润肠通便、增强免疫力的作用。

推荐食谱 鸡汤豆皮丝

- ●材料　豆皮130克，鸡汤300毫升，鸡胸肉100克，红椒40克，香菜少许

- ●调料　盐、鸡粉、胡椒粉各1克，料酒5毫升，食用油适量

- ●做法

①将洗净的豆皮展开，对半切开，成方块状。

②卷起方块状豆皮，切丝；洗好的红椒去籽，切丝。

③洗净的鸡胸肉切片，改切成丝。

④热锅注油，倒入切好的鸡胸肉，翻炒均匀。

⑤加入料酒，注入鸡汤，用大火煮开。

⑥倒入豆皮丝，拌匀，加入盐、鸡粉、胡椒粉，拌匀，用大火煮开后转中火稍煮约2分钟。

⑦关火后盛出煮好的汤，装碗，放上红椒丝、香菜即可。

🍃 调理功效

鸡胸肉具有温中益气、补虚填精、健脾胃、活血脉、强筋骨等功效，中老年人在冬季可经常食用。

扫一扫看视频

扫一扫看视频

推荐食谱 玉米拌豆腐

- ●材料　玉米粒150克，豆腐200克
- ●调料　白糖3克

●做法
①洗净的豆腐，切厚片，切粗条，改切成丁。
②蒸锅注水烧开，放入装有玉米粒和豆腐丁的盘子。
③加盖，用大火蒸30分钟至熟透。
④揭盖，关火后取出蒸好的食材。
⑤备一盘，放入蒸熟的玉米粒、豆腐，趁热撒上白糖即可食用。

🍃 调理功效
玉米中的维生素B$_6$、烟酸等具有刺激胃肠蠕动、加快新陈代谢的作用，有助于防病强身。

扫一扫看视频

推荐食谱 菌菇烧菜心

- ●材料　杏鲍菇50克，鲜香菇30克，菜心95克
- ●调料　鸡粉、盐各2克，生抽、料酒各4毫升

●做法
①将洗净的杏鲍菇切成小块。
②锅中注入适量清水烧开，加入料酒，倒入杏鲍菇，拌匀，煮2分钟。
③倒入洗好的香菇，拌匀，略煮一会儿，捞出焯好的食材，沥干水分，装盘待用。
④锅中注水烧热，倒入焯过水的食材，盖上盖，用中小火煮10分钟。
⑤揭盖，加盐、生抽、鸡粉，放入菜心，拌匀，煮至变软，关火后盛出锅中的食材即可。

🍃 调理功效
杏鲍菇富含维生素、钙、锌等，中老年人在冬季食用可促进血液循环，增强御寒能力。

青菜炒元蘑 推荐食谱

扫一扫看视频

- ●材料　上海青85克，口蘑90克，水发元蘑105克，蒜末少许
- ●调料　蚝油5克，生抽5毫升，盐、鸡粉各2克，水淀粉、食用油各适量

- ●做法
- ①洗净的元蘑用手撕开，口蘑切厚片，上海青切段。
- ②锅中注水烧开，倒入口蘑、元蘑，焯至断生，捞出。
- ③用油起锅，放入蒜末，爆香，倒入口蘑、元蘑，加入蚝油、生抽，炒匀。
- ④放入上海青，加入盐、鸡粉，翻炒约2分钟至熟。
- ⑤倒入水淀粉，翻炒片刻至入味，关火后盛出炒好的菜肴，装入盘中即可。

🌿 调理功效

这道膳食所选食材均富含膳食纤维和维生素，中老年在冬季食用可改善代谢、延缓衰老。

茯苓山楂炒肉丁

扫一扫看视频

●**材料** 猪瘦肉150克，山楂30克，茯苓15克，彩椒40克，姜片、葱段各少许

●**调料** 盐、鸡粉各4克，料酒4毫升，水淀粉8毫升，食用油适量

●**做法**

①洗净的彩椒切块；山楂去蒂、核，切块；猪瘦肉切块。

②瘦肉块装碗，加盐、鸡粉、水淀粉、油，腌10分钟。

③锅中注水烧开，加盐、鸡粉、茯苓，略煮片刻。

④放入彩椒、山楂，煮至断生，捞出焯好的食材。

⑤热锅注油，爆香姜片、葱段，放入肉丝，快速翻炒。

⑥淋入料酒，炒匀，倒入山楂、茯苓、彩椒、鸡粉、盐，炒匀，淋入水淀粉勾芡，关火后盛出即可。

🍃 调理功效

猪瘦肉能提供人体必需的脂肪酸和蛋白质，有补肾养血的作用，可改善老年人体虚、畏寒症状。

黑豆烧排骨

- **材料** 猪排骨400克，海带结100克，水发黑豆150克，葱段、姜片各少许
- **调料** 盐2克，鸡粉3克，料酒5毫升，生抽、水淀粉、食用油各适量

做法

①锅中注入适量清水烧开，倒入猪排骨，淋入料酒，略煮一会儿。

②捞出氽好的排骨，装入盘中备用。

③用油起锅，放入葱段、姜片，倒入氽过水的猪排骨，炒匀。

④注入适量沸水，倒入洗好的黑豆，放入盐、鸡粉，淋入生抽，盖上盖，用大火焖20分钟。

⑤揭盖，倒入洗净的海带结，炒匀；盖上盖，再焖10分钟至食材熟透。

⑥揭盖，倒入适量水淀粉，翻炒匀，关火后盛出锅中的菜肴，装入盘中即可。

调理功效

黑豆是常见的补肾食材，中老年人经常食用可预防腰酸腿酸，还可改善虚寒的体质。

扫一扫看视频

推荐食谱 葱爆牛肉

- **材料** 大葱100克，牛肉200克，蛋清10毫升，生粉10克，姜丝4克
- **调料** 盐、鸡粉各3克，料酒4毫升，生抽5毫升，胡椒粉2克，食用油适量

- **做法**

①处理好的大葱滚刀切成段；洗净的牛肉对半切开，切成片。

②往牛肉中加入适量盐、鸡粉、料酒、胡椒粉，倒入蛋清、生粉，拌匀，腌渍10分钟。

③锅中注油烧热，倒入牛肉，搅拌匀，炸至转色，将牛肉片捞出，沥干油分，装盘待用。

④热锅注油烧热，放入姜丝，爆香，倒入大葱段，翻炒至软。

⑤加入牛肉片，翻炒片刻，淋入生抽，炒匀。

⑥放入盐、鸡粉，翻炒调味；关火，将炒好的牛肉盛出，装入盘中即可。

调理功效

牛肉中所含的氨基酸，其组成非常接近人体需要，食之能提高老年人的抗病能力。

推荐食谱 粉蒸鸭肉

●材料　鸭肉350克，蒸肉米粉50克，
　　　　水发香菇110克，葱花、姜末
　　　　各少许

●调料　盐1克，甜面酱30克，五香粉5
　　　　克，料酒5毫升

●做法

①取1个蒸碗，放入鸭肉，加入盐、五香粉。

②再加入少许料酒、甜面酱，倒入香菇、葱花、姜末，搅拌匀。

③倒入蒸肉米粉，搅拌片刻，取1个碗，放入鸭肉，待用。

④蒸锅上火烧开，放入鸭肉，盖上锅盖，大火蒸30分钟至熟透。

⑤掀开锅盖，将鸭肉取出，将鸭肉扣在盘中即可。

 调理功效　 扫一扫看视频

香菇中的香菇多糖能提高辅助性T细胞的活力，增强免疫力，降低老年人冬季发病率。

推荐食谱 酱鹌鹑蛋

●材料　去壳熟鹌鹑蛋90克
●调料　生抽5毫升

●做法

①锅中注入适量的清水，倒入备好的鹌鹑蛋。

②淋入适量生抽。

③加盖，用大火煮开后转小火焖30分钟至入味。

④揭开盖子，将焖好的鹌鹑蛋装入碗中即可。

 调理功效　 扫一扫看视频

鹌鹑蛋富含卵磷脂和脑磷脂，营养易吸收，适合消化功能较弱的老年人食用，可补肾暖身。

蒜蓉粉丝蒸鱼片

推荐食谱

扫一扫看视频

● 材料　草鱼120克，水发粉丝100克，蒜末30克，青椒粒、红椒粒各40克

● 调料　盐3克，蒸鱼豉油、料酒各4毫升，白胡椒粉2克，食用油适量

● 做法

① 将备好的粉丝切成小段，处理好的草鱼切片，待用。

② 鱼片装盘，加盐、料酒、白胡椒粉、粉丝、青椒粒、红椒粒，拌匀。

③ 热锅注油烧热，爆香蒜末，将蒜油浇在食材上。

④ 将电蒸笼接通电源，注入适量清水，放上笼屉，放入食材，盖上锅盖，调整旋钮至15分钟刻度。

⑤ 揭盖，将蒸好的食材取出，淋入蒸鱼豉油即可食用。

 调理功效

草鱼含有丰富的不饱和脂肪酸，对血液循环有利，中老年人在冬季食用可以开胃、滋补强身。

^{推荐食谱} 香芋焖鱼

- ●材料　净鲫鱼300克，芋头180克，椰浆220毫升，姜片、红枣、枸杞各少许
- ●调料　盐3克，食用油适量
- ●做法

①将去皮洗净的芋头切小方块，处理好的鲫鱼切上一字刀花。

②把切过的鲫鱼装盘，撒上盐，抹匀，腌渍约10分钟，待用。

③用油起锅，放入鲫鱼，煎出香味，翻转鱼身，煎至两面断生，撒上姜片。

④倒入芋头块，拌匀，注入椰浆，大火煮沸，倒入红枣、枸杞，再倒入适量清水，加入盐。

⑤烧开后转小火焖约10分钟，转大火，至汤汁收浓，关火后盛出菜肴即可。

🌱 **调理功效**

扫一扫看视频

鲫鱼富含人体易吸收的蛋白质，尤适宜中老年人食用，具有开胃生津、补气益肾之效。

^{推荐食谱} 茶树菇炒鳝丝

- ●材料　鳝鱼200克，青椒、红椒各10克，茶树菇适量，姜片少许
- ●调料　盐、鸡粉各2克，生抽、料酒各5毫升，水淀粉、食用油各适量
- ●做法

①洗净的红椒切开，去籽，再切成条；洗好的青椒切开，去籽，再切成条。

②处理好的鳝鱼肉切上花刀，再切条。

③用油起锅，放入鳝鱼、姜片，炒匀。

④淋入料酒，倒入青椒、红椒，放入洗净切好的茶树菇，炒约2分钟。

⑤放入盐、生抽、鸡粉、料酒，炒匀调味，倒入水淀粉勾芡，盛出即可。

🌱 **调理功效**

扫一扫看视频

茶树菇含有人体所需的18种氨基酸，包括人体所不能合成的8种，中老人可适量食用。

推荐食谱 南瓜西红柿土豆汤

- **材料** 南瓜、瘦肉各200克，去皮土豆150克，西红柿、玉米各100克，沙参30克，山楂15克，姜片少许
- **调料** 盐2克

● **做法**

① 洗净的土豆切滚刀块；洗好的西红柿去蒂，切小瓣。

② 洗净的南瓜切块，洗好的玉米切段，洗净的瘦肉切块。

③ 锅中注入适量清水烧开，倒入瘦肉，汆片刻，关火后捞出，沥干水分，装盘待用。

④ 砂锅中注水，倒入瘦肉、土豆、南瓜、玉米、山楂、沙参、姜片，拌匀。

⑤ 加盖，大火煮开转小火煮3小时至析出有效成分；揭盖，放入西红柿，搅拌均匀。

⑥ 加盖，续煮10分钟至西红柿熟；揭盖，加入盐，搅拌片刻至入味。

⑦ 关火，盛出煮好的汤，装入备好的碗中即可。

扫一扫看视频

🍃 调理功效

此汤荤素搭配，口感丰富，含有多种营养成分，中老年人在冬季经常食用，可补充身体所需的营养素。

核桃仁豆腐汤

- **材料** 豆腐200克，核桃仁30克，肉末45克，葱花、蒜末各少许
- **调料** 盐、鸡粉各2克，食用油适量
- **做法**

①将洗净的豆腐切开，再切小块；洗好的核桃仁切小块，备用。

②用油起锅，倒入肉末，炒至变色，注入适量清水，用大火略煮一会儿，撇去浮油。

③待汤汁沸腾，撒上蒜末，倒入切好的核桃仁、豆腐，搅拌均匀，用大火煮约2分钟。

④加入少许盐、鸡粉，拌匀，煮至食材入味。

⑤关火后盛出煮好的汤料，装入碗中，点缀上葱花即可。

 调理功效

核桃被誉为"长寿果"，其含有的赖氨酸，可改善老年人的记忆力，预防健忘、心悸等。

扫一扫看视频

海藻海带瘦肉汤

- **材料** 水发海藻60克，水发海带70克，猪瘦肉85克，葱花少许
- **调料** 料酒4克，盐、鸡粉各2克，胡椒粉少许
- **做法**

①洗净的海带切开，再切小块；洗好的猪瘦肉切薄片。

②肉片装碗，加入盐、水淀粉、料酒，拌匀，腌渍约10分钟。

③锅中注入适量清水烧开，倒入备好的海带、海藻，拌匀，用大火煮至沸。

④放入肉片，拌匀，煮至熟透，加入盐、鸡粉，拌匀调味，关火待用。

⑤取1个汤碗，撒上少许胡椒粉，盛入锅中的材料，点缀上葱花即可。

 调理功效

海带含有藻胶酸和膳食纤维，能预防老年性便秘，搭配瘦肉煮汤，还有滋补暖身的作用。

扫一扫看视频

香菇猪肉丸汤

- **材料** 香菇55克，猪肉丸65克，小白菜50克，香菜少许
- **调料** 盐、鸡粉各2克
- **做法**

①洗净的小白菜切段；洗净的猪肉丸对半切开，打上十字花刀。

②洗净的香菇对半切开，再切成小块，待用。

③砂锅注水烧热，放入肉丸、香菇块，拌匀。

④加盖，用大火煮开后转小火煮5分钟至食材熟软。

⑤揭盖，撒上盐、鸡粉，倒入小白菜，拌匀，稍煮片刻；关火后将煮好的汤盛入碗中，撒上香菜即可。

调理功效

此汤高蛋白、高膳食纤维、低脂肪，中老年人食用可补充蛋白质，改善代谢功能。

淮山板栗猪蹄汤

- **材料** 猪蹄500克，板栗150克，淮山、姜片各少许
- **调料** 盐3克
- **做法**

①锅中注水烧开，倒入猪蹄，搅拌片刻，去除血水杂质，将猪蹄捞出，沥干水分，待用。

②砂锅中注入适量的清水，用大火烧热，倒入猪蹄、淮山、板栗、姜片，搅拌片刻。

③盖上锅盖，烧开后转小火煮2个小时至药性析出。

④掀开锅盖，撇去汤面的浮沫，加入少许盐，搅匀调味。

⑤将煮好的猪蹄汤盛出装入碗中，即可食用。

调理功效

猪蹄富含胶原蛋白，常食可延缓人体衰老，且其含热量高，冬季食用可暖身抗寒。

推荐食谱 牛蒡萝卜排骨汤

- ●材料　排骨段270克，牛蒡150克，白萝卜220克，干百合30克，枸杞10克，芡实12克，姜片、葱段各少许
- ●调料　盐2克

●做法

①将去皮洗净的牛蒡斜刀切段，去皮洗好的白萝卜斜刀切块。

②锅中注入适量清水烧开，倒入排骨段，拌匀，汆一会儿，去除血渍，捞出，沥干水分。

③砂锅中注入适量清水烧热，倒入汆过水的排骨。

④放入切好的牛蒡、白萝卜，撒上洗净的芡实。

⑤倒入洗净的干百合，放入备好的枸杞、姜片、葱段，拌匀。

⑥盖上盖，烧开后转小火煮约120分钟，至食材熟透。

⑦揭盖，加入盐，拌匀，煮至汤汁入味，关火后盛出煮好的排骨汤即可。

🌿 调理功效

冬季经常吃白萝卜可调理肝火虚旺，清肺热、利肝脏，有助于预防多种老年性疾病。

扫一扫看视频

推荐食谱 **胡萝卜牛尾汤**

扫一扫看视频

●材料　牛尾段300克，去皮胡萝卜150克，姜片、葱花各少许
●调料　料酒5毫升，盐、鸡粉、白胡椒粉各2克

●做法
① 洗净去皮的胡萝卜切滚刀块。
② 沸水锅中放入洗净的牛尾段，汆约2分钟，捞出。
③ 砂锅注水烧开，放入牛尾段、料酒，盖盖，大火煮开。
④ 揭盖，放入姜片，小火煲约100分钟至牛尾段变软。
⑤ 倒入胡萝卜块，搅匀，盖盖，中小火续煮约30分钟。
⑥ 揭盖，加入盐、鸡粉、白胡椒粉，搅匀调味，关火后将煮好的汤盛入碗中，撒上葱花即可。

🌿 调理功效

牛尾搭配胡萝卜煮汤，营养丰富，具有很好的补虚作用，中老年人在冬季可经常食用。

推荐食谱 山药胡萝卜炖鸡块

- ●材料　鸡肉块350克，胡萝卜120克，山药100克，姜片少许
- ●调料　盐、鸡粉各2克，胡椒粉、料酒各少许
- ●做法

①洗净去皮的胡萝卜切成滚刀块，洗好去皮的山药切成滚刀块。

②锅中注水烧开，倒入鸡肉块，淋入料酒，汆去血水，撇去浮沫，捞出鸡肉，备用。

③砂锅中注入适量清水烧开，倒入鸡块、姜片、胡萝卜、山药，淋入料酒，拌匀。

④盖上盖，烧开后用小火煮45分钟。

⑤揭盖，加入盐、鸡粉、胡椒粉，拌匀调味；关火后盛出锅中的菜肴即可。

 调理功效

鸡肉性温，在冬季食用有很好的保健作用，可帮助中老年人健脾、驱寒。

扫一扫看视频

推荐食谱 白参乳鸽汤

- ●材料　净乳鸽1只，白参25克，枸杞、姜片各少许
- ●调料　盐、鸡粉各2克，胡椒粉少许
- ●做法

①将处理干净的乳鸽斩成小件。

②锅中注水烧开，放入切好的乳鸽，汆约1分30秒，捞出材料，沥干水分，装入盘中，待用。

③砂锅中注入适量的清水烧热，倒入乳鸽、白参，撒上姜片，倒入备好的枸杞，搅散。

④盖上盖，烧开后转小火煲煮约150分钟，至食材熟透。

⑤揭盖，加盐、鸡粉，拌匀，撒上胡椒粉，煮至汤汁入味；关火后盛出，装在碗中即可。

调理功效

乳鸽的骨内含丰富的软骨素，冬季常食能促进骨质代谢，预防骨质疏松。

扫一扫看视频

口蘑嫩鸭汤
推荐食谱

- **材料** 口蘑150克，鸭肉300克，高汤600毫升，葱段、姜片各少许
- **调料** 盐2克，料酒5毫升，生粉3克，鸡粉、胡椒粉、食用油各少许

●做法

①处理好的鸭肉切成片待用，洗净的口蘑切成片。

②鸭肉装入碗中，加入盐、料酒，撒入生粉，拌匀至起浆。

③锅中注入适量的清水，大火烧开，倒入腌渍好的鸭片，余片刻。

④将鸭肉捞出，沥干水分待用。

⑤热锅注油，倒入姜片、葱段，爆香，加入鸭肉片，倒入高汤。

⑥加入口蘑，加入盐，盖上锅盖，大火煮开转小火煮5分钟。

⑦掀开锅盖，加入鸡粉、胡椒粉，将汤盛出装入碗中即可。

调理功效

口蘑含有膳食纤维、铁、钾等成分，是适合中老年人滋补的极佳食材，有润肠通便、加速代谢之效。

推荐食谱 鱼头豆腐汤

- ●材料　鱼头350克，豆腐200克，姜片、葱段、香菜叶各少许
- ●调料　盐、胡椒粉各2克，鸡粉3克，料酒5毫升，食用油适量
- ●做法

①洗净的豆腐切块。

②用油起锅，放入姜片，爆香。

③倒入鱼头，炒匀，加入料酒，拌匀，注入适量清水，倒入豆腐块。

④大火煮约12分钟至汤汁奶白色，加入盐、鸡粉、胡椒粉，拌匀。

⑤放入葱段，拌匀，稍煮片刻至入味，关火后盛出煮好的汤，装入碗中，放上香菜叶即可。

 调理功效

这款汤品含有丰富的钙、优质蛋白质，有健脑、预防营养不良及骨质疏松的作用。

扫一扫看视频

推荐食谱 金菊斑鱼汤

- ●材料　石斑鱼肉170克，水发菊花20克，姜片、葱花各少许
- ●调料　盐3克，鸡粉2克，水淀粉适量
- ●做法

①将洗净的石斑鱼剔除鱼骨，再切段，去除鱼皮，用斜刀切片。

②鱼肉片装盘，加盐，拌匀，倒入水淀粉，拌匀上浆，腌渍约10分钟。

③锅中注入适量清水烧热，倒入鱼骨，撒上姜片，拌匀，用中火煮约5分钟，撇去浮沫。

④倒入泡好的菊花，拌匀，用大火煮约2分钟。

⑤加盐、鸡粉，倒入鱼肉片，拌匀，煮约1分钟，关火后盛出煮好汤料，撒上葱花即可。

调理功效

石斑鱼是一种低脂肪、高蛋白美味食材，中老年人在冬季食用可健脾益气，改善体质。

扫一扫看视频

蔬菜牛肉面

推荐食谱

- ●材料　面条180克，包菜50克，牛肉汤650毫升
- ●调料　盐2克，生抽3毫升
- ●做法

①将洗净的包菜切条形，改切成小块，备用。

②锅中注入适量清水烧开，放入备好的面条，煮约4分钟，至其熟透。

③关火后捞出面条，沥干水分，待用。

④锅置火上，倒入备好的牛肉汤，用大火烧热，待汤汁沸腾，加入生抽、盐，拌匀调味。

⑤放入包菜，拌匀，煮至断生，制成汤料，取1个汤碗，放入面条，再盛入锅中的汤料即可。

扫一扫看视频

🌾 调理功效

包菜含水量高，尤适合在干燥的冬季食用，有利于老年人预防口腔溃疡、牙根肿痛、便秘。

土豆饭

推荐食谱

- ●材料　水发大米150克，土豆250克
- ●调料　盐、食用油各适量

- ●做法

①洗净去皮的土豆切小丁，倒入热油锅中，翻炒片刻。

②放入适量清水、大米、盐，搅拌匀，煮约15分钟。

③沿锅边注入适量食用油，盖上盖，用小火续焖5分钟。

④揭盖，搅拌片刻。

⑤关火，将煮好的饭盛出，装入碗中即可食用。

扫一扫看视频

🌾 调理功效

土豆含有淀粉、蛋白质、粗纤维等成分，具有润肠通便、增强免疫力、加速代谢等功效。

羊肉山药粥

推荐
食谱

- ●材料　羊肉200克，山药300克，水发大米150克，姜片、葱花各少许
- ●调料　盐3克，鸡粉4克，生抽4毫升，料酒、水淀粉、胡椒粉、食用油各适量

●做法

① 洗净的山药切丁，洗好的羊肉切丁。

② 把羊肉丁装碗，放入盐、鸡粉、生抽，搅拌匀。

③ 加入料酒，放入水淀粉、食用油，搅拌均匀，腌渍10分钟。

④ 砂锅中注入适量的清水烧开，放入大米，搅拌均匀，盖上盖，用小火煮约30分钟。

⑤ 揭盖，放入山药，搅拌匀；盖上盖，用小火续煮10分钟至食材熟透。

⑤ 揭盖，放入羊肉、姜片，煮约2分钟，加入盐、鸡粉、胡椒粒，搅拌均匀，调味。

⑥ 关火后盛出煮好的粥，装入碗中，撒上葱花即可。

🌾 调理功效

　　羊肉是温热性的食物，中老年人在冬天吃羊肉可以提高身体免疫力，补肾益气、御寒抗病。

扫一扫看视频

调理功效

玉米富含维生素E、胡萝卜素、膳食纤维、亚油酸、钙、镁、硒等营养物质，可延缓人体衰老，并预防老年性便秘。

玉米南瓜大麦粥

●材料　水发大米200克，去皮南瓜、玉米粒各100克，水发大麦60克

●调料　食用油适量

●做法

①洗净的南瓜切块，洗好的部分玉米粒切碎。

②砂锅中注入适量清水烧开，倒入切碎的玉米粒，加盖，大火煮15分钟至熟。

③揭盖，放入大麦、大米、剩下的玉米粒，拌匀；加盖，大火煮开转小火煮40分钟。

④揭盖，倒入南瓜，拌匀；加盖，续煮20分钟至食材熟软。

⑤揭盖，加入少许油，拌匀，关火，将煮好的粥盛出装入碗中即可。

扫一扫看视频

调理功效

小米的主要成分为淀粉，含有较多的热量，在冬季食用有健脾和胃、驱寒的作用。

葛粉小米粥

●材料　水发小米100克，葛根粉30克

●做法

①把葛根粉装入碗中，倒入少许温开水，调匀待用。

②砂锅中注入适量清水烧开，倒入洗好的大米。

③搅拌匀，盖上锅盖，用小火煮约40分至大米熟软。

④揭开锅盖，倒入调好的葛根粉，搅拌均匀，用大火略煮一会儿。

⑤关火后盛出煮好的小米粥，装入碗中即可。

红枣黑豆豆浆

扫一扫看视频

●材料　红枣15克，水发黑豆45克

●做法

① 洗净的红枣切开，去籽，再切成小块，备用。

② 将黑豆用清水搓洗干净，倒入滤网，沥干。

③ 把洗净的黑豆倒入豆浆机中，放入红枣。

④ 注入适量清水，至水位线即可。

⑤ 盖上豆浆机机头，选择"五谷"程序，开始打浆，待豆浆机运转约15分钟，即成豆浆。

⑥ 将豆浆机断电，取下机头，把豆浆滤入碗中即可。

调理功效

红枣能益气补血，黑豆可补肾益气，搭配煮成豆浆，营养易吸收，可增强老年人的体质。

冠心病

冠心病，全称为冠状动脉粥样硬化性心脏病，是一种由冠状动脉粥样硬化或狭窄、阻塞引起的心肌缺血、缺氧或心肌坏死的心脏病，亦称缺血性心脏病。

预防冠心病的关键营养素

【必需脂肪酸】饮食脂肪的质比量对动脉粥样硬化发病率影响更加重要。人体每天必须从食物中获得不饱和脂肪酸亚油酸，称为必需脂肪酸，是合成具有重要生理活性物质的原料，可降低血清胆固醇浓度和抑制血凝，防止动脉粥样硬化形成。

【蛋白质】供给动物蛋白质越多，动脉粥样硬化形成所需要的时间越短，且病变越严重。动物蛋白质升高血胆固醇作用比植物蛋白质明显。植物蛋白质，尤其是大豆蛋白质有降低血胆固醇和预防动脉粥样硬化作用，用植物蛋白质替代动物蛋白质可降低冠心病发病率。

【维生素C】维生素C可增加血管韧性，降低血清总胆固醇，因胆固醇代谢过程中，均需要维生素C参与，如缺乏则胆固醇在血中堆积，而引起动脉粥样硬化。

【维生素B_1】维生素B_1缺乏可使心肌代谢障碍，严重时可导致心衰，出现心脏病的临床征候。维生素B_1供给要充足，热能越多，碳水化合物和蛋白质比例越高，则需要量越大。

合理膳食，巧防动脉硬化

【控制总热量摄入】肥胖是导致冠心病的一大因素，饮食摄入过多则热量就越多，热量在体内堆积，转化为脂肪，从而使人肥胖。

【坚持"三低饮食"】低饱和脂肪酸、低糖、低钠饮食是预防冠心病的关键，血脂异常是引起冠心病发病的主要原因，高血糖可以加速动脉硬化而引起冠心病，高钠饮食则会增加心血管压力。

【宜饮淡茶，忌喝浓茶】茶叶中含有茶碱、维生素C等，能减少肠道吸收脂肪，有助于消化；其中的不饱和脂肪酸还能降低胆固醇，因此冠心病患者适宜饮淡茶。而浓茶中咖啡因含量多，可兴奋大脑，影响睡眠，对冠心病的护理不利。

芋头海带鱼丸汤
推荐食谱

● 材料　芋头120克，鱼肉丸160克，水发海带丝110克，姜片、葱花各少许

● 调料　盐、鸡粉各少许，料酒4毫升

● 做法

①将去皮洗净的芋头切丁，洗好的鱼丸切上十字花刀。

②砂锅中注入适量清水烧开，倒入切好的芋头，拌匀。

③盖上盖，烧开后用小火煮约15分钟，至食材断生。

④盖上盖，倒入切好的鱼丸，放入洗净的海带丝。

⑤淋入适量料酒，撒上备好的姜片，搅拌均匀。

⑥再盖上盖，用中小火续煮约10分钟至食材熟透。

⑦揭盖，加入少许盐、鸡粉，拌匀调味；关火后盛出煮好的鱼丸汤，点缀上葱花即成。

调理功效

鱼肉中的不饱和脂肪酸含量较丰富，可降低血清胆固醇浓度，防治冠心病。

扫一扫看视频

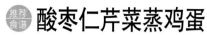

酸枣仁芹菜蒸鸡蛋

- **材料** 鸡蛋2个，芹菜40克，酸枣仁粉少许
- **调料** 盐、鸡粉各2克
- **做法**

①洗好的芹菜切成碎末，备用。

②把鸡蛋打入碗中，加入盐、鸡粉，搅拌均匀。

③倒入酸枣仁粉，拌匀，放入芹菜末，搅散，注入适量清水，拌匀，制成蛋液，待用。

④取1个干净的蒸碗，倒入蛋液，搅匀，备用。

⑤蒸锅上火烧开，放入蒸碗，盖上盖，用中火蒸约8分钟；揭开盖，取出蒸碗即可。

扫一扫看视频

🌾 **调理功效**

芹菜富含膳食纤维，经常食用有改善代谢、瘦身的作用，还能预防肥胖导致的冠心病。

鲜鱼麦片粥

- **材料** 燕麦片170克，芹菜碎60克，鲜鱼肉90克，姜丝少许
- **调料** 盐2克

- **做法**

①锅中注入适量清水，大火烧开。

②倒入备好的燕麦片，搅拌匀，用大火煮2分钟。

③再倒入鲜鱼肉、姜丝，搅拌匀，略煮片刻。

④倒入备好的芹菜碎，搅拌匀。

⑤加入盐，搅匀调味，将煮好的粥盛出装入碗中即可。

扫一扫看视频

🌾 **调理功效**

燕麦片含有B族维生素、钙、磷等营养成分，可改善心肌代谢障碍，有效预防冠心病。

推荐食谱 荞麦山楂豆浆

●材料　水发黄豆60克，荞麦10克，鲜山楂30克

●做法

①洗净的山楂切开，去核，再切成块，备用。

②将已浸泡8小时的黄豆、荞麦倒入碗中，注入适量清水，用手搓洗干净，倒入滤网，沥干。

③将山楂、黄豆、荞麦倒入豆浆机中，注入适量清水，至水位线即可。

④盖上豆浆机机头，选择"五谷"程序，再选择"开始"键，开始打浆，待豆浆机运转约15分钟，即成豆浆。

⑤将豆浆机断电，取下机头，把煮好的豆浆倒入滤网，滤取豆浆，将滤好的豆浆倒入杯中即可。

 调理功效　　扫一扫看视频

荞麦能降低血脂和胆固醇，软化血管，保护心脑血管，老年人冬季食用可增强抗病能力。

推荐食谱 山楂茯苓薏米茶

●材料　山楂15克，薏米20克，茯苓10克，鸡内金6克

●调料　白糖5克

●做法

①洗净的山楂去蒂，切开，去核，再切成小块，备用。

②砂锅中注入适量清水烧开，倒入备好的茯苓、薏米、鸡内金，放入山楂，搅拌匀。

③盖上盖，用小火煮约20分钟至药材析出有效成分。

④揭开盖，加入少许白糖，拌匀，煮至溶化。

⑤关火后盛出煮好的茶水，装入碗中，即可饮用。

 调理功效　　扫一扫看视频

中老年人在冬季适量食用山楂，能显著降低血清胆固醇，预防动脉粥样硬化。

脑卒中

脑卒中，中医称"中风"，是以脑部缺血或出血性损伤为主的疾病，又称脑血管意外。脑卒中的特点是发病率高、死亡率高、致残率高、复发率高、并发症多，即"四高一多"。

预防脑卒中的关键营养素

【蛋白质】蛋白质食物摄入量不足或质量欠佳，会使血管脆性增加，易引起颅内微动脉瘤破裂出血。研究显示多吃富含硫氨酸、赖氨酸、葡氨酸、牛磺酸的食物，如鱼类和鸡鸭肉、兔肉等，不仅对维持正常血管弹性及改善脑血流有益，还能促进钠盐的排泄，预防脑卒中。

【镁】常吃富含镁的食物的人群，其脑卒中发病率大大降低。因为镁可以防止细胞膜上的钙流入细胞内，而维持细胞内矿物质的平衡，故能保护大脑不致受到损害。富含镁的食物有小米、豆类、蘑菇、西红柿、海带、紫菜、苹果、阳桃、花生、核桃仁、芝麻酱等。

【类黄酮和番茄红素】类黄酮与番茄红素能捕捉氧自由基，阻遏低密度脂蛋白氧化，对防止血管狭窄和血凝块堵塞脑血管有积极作用。日常饮食中富含类黄酮与番茄红素的有洋葱、香菜、胡萝卜、南瓜、草莓、苹果、红葡萄、西红柿、西瓜、柿子、甜杏、辣椒等。

【维生素C】维生素C可降低胆固醇，增强血管的致密性，防止出血。富含维生素C的食物有猕猴桃、草莓、橘子、柠檬、花菜、青椒、西红柿等。

合理膳食，巧防脑卒中

【每天喝1杯牛奶】牛奶含有一种名为"吡咯并喹啉苯醌"的营养物质，可保护脑神经，每天喝1杯牛奶对防治脑卒中大有益处。

【限制食盐的摄入】采用限盐饮食，脑卒中的病人每日食盐控制在6克以下为宜，因食盐中含有大量的钠离子，人体摄入过多，可增加血容量和心脏负担，并能增加血液黏稠度，从而升高血压，对脑卒中病人不利。

【限制动物脂肪】动物脂肪如猪油、牛油及动物肝脏、肥肉等，所含的饱和脂肪酸可使血中胆固醇浓度明显升高，促进动脉硬化，增加脑卒中风险。

金针菇蔬菜汤

推荐食谱

● 材料　金针菇30克，香菇10克，上海
　　　　青20克，胡萝卜50克，清鸡汤
　　　　300毫升

● 调料　盐2克，鸡粉3克，胡椒粉适量

● 做法

① 洗净的上海青切成小瓣，洗好去皮的
胡萝卜切片，洗净的金针菇切去根部，
备用。

② 砂锅中注入适量清水，倒入鸡汤，盖
上盖，用大火煮至沸。

③ 揭盖，倒入金针菇、香菇、胡萝卜，
拌匀。

④ 盖上盖，用小火续煮10分钟至全部食
材熟透。

⑤ 揭盖，倒入上海青，加入盐、鸡粉、
胡椒粉，拌匀。

⑥ 关火后盛出煮好的汤料，装入备好的
碗中即可。

调理功效

金针菇含有大量的镁元素，能维持
细胞内矿物质的平衡，从而预防脑
卒中的发生。

扫一扫看视频

推荐食谱 紫菜笋干豆腐煲

- ●材料　豆腐150克，笋干粗丝30克，虾皮10克，水发紫菜、枸杞各5克，葱花2克
- ●调料　盐、鸡粉各2克

●做法

①洗净的豆腐切片。

②砂锅中注入清水烧热，倒入笋干，放入虾皮。

③倒入切好的豆腐，拌匀，加入盐、鸡粉，拌匀。

④加盖，用大火煮15分钟，至全部食材熟透。

⑤揭开盖子，倒入备好的枸杞、紫菜，搅拌片刻。

⑥加入适量盐、鸡粉，拌匀。

⑦关火后盛出煮好的汤，装在碗中，撒上葱花点缀即可。

扫一扫看视频

🌿 调理功效

豆腐中含有丰富的蛋白质，对维持正常血管弹性及改善脑血流有益，是中老年人的食疗佳品。

橄榄油拌西芹玉米

扫一扫看视频

●材料 西芹90克，鲜玉米粒80克，蒜末少许

●调料 盐3克，橄榄油10毫升，陈醋8毫升，白糖3克，食用油少许

●做法

①洗净的西芹划成两半，用斜刀切段，备用。

②锅中注入适量清水烧开，加入少许盐、食用油。

③倒入西芹，煮约半分钟，放入洗净的玉米粒，拌匀，焯约半分钟，至食材断生。

④捞出食材，沥干水分，装入碗中，撒上蒜末。

⑤加盐、白糖、橄榄油、陈醋，拌至糖分溶化。

⑥将拌好的食材装入盘中即可。

🌿 调理功效

西芹中含有的钾可促进人体钠盐的排泄，中老年人适量食用，对预防脑卒中有一定的作用。

老年性肺炎

肺炎是指终末气道、肺泡和肺间质的炎症，老年性肺炎指的是65岁以上老年人所患肺炎。老年性肺炎常缺乏明显呼吸系统症状，症状多不典型，病情进展快，易发生漏诊、错诊。

预防老年性肺炎的关键营养素

【维生素A】维生素A可修复因肺炎所侵犯的呼吸道黏膜上皮，以抵御病原微生物侵袭，对保持气管膜的健康非常重要。富含维A的食物有鱼肝油、胡萝卜、奶类和西红柿等。

【维生素C】维生素C能增加肺炎的抗体生成，增强病变组织修复能力，调节炎症因子的生成和释放，减轻炎性反应。各类水果和蔬菜都含有维生素C。

【维生素E】维生素E是细胞呼吸的必须促进因子，可保护肺组织免受空气污染，提高机体免疫力。富含维生素E的食物有玉米、花生、果仁、麦芽、黄豆以及天然蜂蜜等。

【膳食纤维】膳食纤维能改善肠道功能，维护肠黏膜屏障，恢复肠道微生态系统的平衡，抑制致病菌的生长，降低因肠源性感染发生肺炎的概率。此类食物有粗茎大叶类蔬菜如芥菜、白菜、菠菜、菜心、芹菜以及各类水果等。

合理膳食，巧防肺炎

【尽量多饮水，吃易消化的食物】这样有利于利湿化痰液，及时排痰。

【宜进食富含优质蛋白质的食物】肺炎常伴有高热，机体消耗大，故应提供高能量，进食高蛋白食物。如蛋类、黄豆及其制品等。

【重度肺纤维化病人可予软食或半流食】这样既可减轻呼吸急迫所引起的咀嚼和吞咽困难，又利于消化吸收，防止食物反流。

【少吃辛辣、煎炸等刺激性油腻食品】平时饮食以清淡为宜，尤其对于肥胖患者，脂肪供应量宜低。吃肉以瘦肉为宜，辛辣、煎炸等食品，易生痰，导致热助邪盛，邪热郁内而不达，久之则加重病情。

【忌烟酒、忌过咸食物】肺纤维化患者多数伴有气道高反应，烟、酒和过咸食物的刺激，易引发支气管的反应，加重病症。

蒸白萝卜杯
推荐食谱

- **材料** 去皮白萝卜200克，姜丝2克，葱丝、香菜各少许
- **调料** 生抽2毫升，食用油3毫升

- **做法**
① 白萝卜对半切开，改切成片。
② 将白萝卜片、姜丝、食用油放入备好的马克杯中，盖上保鲜膜。
③ 电蒸锅中注水烧开，放入杯子，蒸20分钟。
④ 将杯子从蒸锅中取出，揭去保鲜膜。
⑤ 淋入生抽，放入葱丝、香菜即可。

调理功效

白萝卜具有清热生津、润肺化痰、消食化滞等功效，肺炎患者冬季食用滋补效果更佳。

扫一扫看视频

润肺百合蒸雪梨
推荐食谱

- **材料** 雪梨2个，鲜百合30克
- **调料** 蜂蜜适量

- **做法**
① 将洗净去皮的雪梨从1/4处切开，掏空果核，制成雪梨盅。
② 装在蒸盘中，填入洗净的鲜百合，淋上蜂蜜，待用。
③ 备好电蒸锅，烧开水后放入装有食材的蒸盘。
④ 盖上盖子，蒸约15分钟，至全部食材熟透。
⑤ 断电后揭盖，取出蒸盘，稍微冷却后即可食用。

调理功效

百合搭配雪梨，口感甘凉清润，可清肺润燥，老年人常食可预防肺炎的发生。

扫一扫看视频

🍃 调理 功效

银耳含有丰富的维生素A，可滋阴润肺，保持气管的健康，是老年人滋补的好食材。

推荐食谱 麦冬银耳炖雪梨

●材料　雪梨200克，水发银耳120克，麦冬10克

●调料　冰糖30克

●做法

①洗净的雪梨切开，去籽，切块。

②砂锅注水，倒入泡好的银耳。

③放入切好的雪梨，倒入麦冬，加入冰糖，搅拌均匀。

④加盖，用大火煮开后转小火炖90分钟至食材有效成分析出。

⑤揭盖，搅拌一下，关火后盛出甜品汤，装碗即可。

🍃 调理 功效

雪梨和杏仁均有润肺的效果，可润肺止咳，老年人常食有利于肺部的健康。

推荐食谱 杏仁雪梨炖瘦肉

●材料　雪梨150克，瘦肉60克，杏仁20克，姜片适量

●调料　盐、鸡粉各1克

●做法

①洗好的瘦肉切块儿，洗净的雪梨切开去核，切块。

②锅中注水烧开，倒入瘦肉，氽去血水，捞出，待用。

③取1个空碗，倒入瘦肉、雪梨块、杏仁、姜片，注入适量清水，加盐、鸡粉，拌匀，待用。

④取出电蒸锅，不锈钢内放入清水至90厘米水位线，放上笼屉，放上装有食材的碗，加盖，将定时器旋钮逆时针旋至"炖"位置，进入蒸炖模式。

⑤炖煮90分钟，揭盖，取出炖汤即可。

鱼腥草冬瓜瘦肉汤

● 材料　冬瓜、瘦肉各300克，川贝3克，鱼腥草80克，水发薏米200克

● 调料　盐、鸡粉各2克，料酒10毫升

● 做法

① 洗净去皮的冬瓜切成大块，洗好的鱼腥草切成段，洗净的瘦肉切成大块。

② 沸水锅中倒入切好的瘦肉，加入料酒，汆去血水。

③ 捞出汆好的瘦肉，沥干水分，装入盘中待用。

④ 砂锅中注入适量清水，倒入备好的川贝、薏米、瘦肉，放入切好的鱼腥草、冬瓜，加入料酒。

⑤ 盖上盖，用大火煮开后转小火续煮1小时至食材熟透。

⑥ 揭盖，加入盐、鸡粉，拌匀调味。

⑦ 盛出煮好的汤料，装入碗中即可。

🌱 调理功效

冬瓜含较多的维生素C和维生素A，有润泽呼吸道和肺部的作用，老年人常食还有利于提高自身免疫力。

扫一扫看视频

肾病

　　肾病，通常指慢性肾病，指各种原因引起的慢性肾脏结构和功能障碍（肾脏损害病史大于3个月）即为慢性肾病。肾病如未能及时有效救治，导致病情恶化进展，最终形成尿毒症。

预防肾病的关键营养素

　　【泛酸】泛酸对维持肾脏正常机能有重要作用，尤其是维持肾上腺的正常机能。补充泛酸可饮用牛奶、豆浆，还可多食用未精制的谷类制品、绿叶蔬菜、酵母、鸡肉等食物。

　　【镁】肾病会抑制重吸收或扩张容量，使尿中镁过滤量增加，镁到达远端小管的量增加，而在远端小管，由于醛固酮对镁的运转重吸收无作用，故使尿镁增多，体内镁离子减少，需补充相应的镁。另外，镁可以防止钙沉淀在组织和血管壁中，避免产生肾结石、胆结石。

　　【维生素D】维生素D是调节骨矿物质代谢的重要激素，慢性肾脏病患者由于肾脏结构和功能被破坏，普遍存在维生素D缺乏，维生素D的不足会进一步加重肾病，故应及时补充。

合理膳食，巧防肾病

　　【提倡优质低蛋白饮食】优质低蛋白饮食能延缓慢性肾脏病的进展，无论慢性肾脏病轻重与否，低蛋白饮食都能减轻蛋白尿，减慢肾小球滤过率的下降速度，缓解临床症状，降低慢性肾脏病发展为终末期肾脏病的速度或死亡危险。

　　【减少食盐的摄入】在我们食用的食盐、味精、酱油和各种调味品中，均含有丰富的钠。钠盐摄入过多，会使血压升高，肾功能损害加重，并加速慢性肾脏病的进展。含盐多的食物如咸菜、咸蛋、腌制食品等，也应慎食。

　　【适当摄入水分】当出现水肿和尿量减少时，还应注意限制水分的摄入。体内水分过多，会导致血压升高、水肿，加重心脏和肺部的负担，造成心力衰竭。

　　【控制胆固醇的摄入】过多摄入胆固醇，不但会加速慢性肾脏病的进展，还会增加心脑血管疾病的发生风险。在日常生活中，我们应多选用鱼肉、鸡肉，少吃畜肉，尽量去除可见油脂。

腰果小米豆浆

扫一扫看视频

●材料 水发黄豆60克，小米35克，腰果20克

●做法

①将已浸泡8小时的黄豆倒入碗中，放入小米。

②加入适量清水，用手搓洗干净，滤干水分。

③把洗好的材料倒入豆浆机中，放入腰果，注入清水。

④盖上豆浆机机头，启动豆浆机，开始打浆。

⑤待豆浆机运转约20分钟，即成豆浆。

⑥将豆浆机断电，取下机头，把煮好的豆浆滤入碗中，撇去浮沫即可。

 调理功效

腰果含有蛋白质、糖类及多种维生素和矿物质，具有补肾强身、增强免疫力、增进食欲等功效。

推荐食谱 白灼木耳菜

● 材料　木耳菜400克，姜丝、红椒丝各8克，大葱丝10克

● 调料　盐2克，食用油、蒸鱼豉油各适量

● 做法

①锅中注入适量清水烧开，加入适量盐、食用油，搅拌均匀。

②倒入择洗好的木耳菜，拌匀，煮至断生，捞出食材，待用。

③将木耳菜装入盘中，放上大葱丝、姜丝、红椒丝。

④热锅注入少许食用油，烧至八成热。

⑤将热油浇在木耳菜上，淋上蒸鱼豉油即可。

🌿 调理功效

木耳菜有强身健体的功效，搭配姜丝食用，还能帮助改善肾病患者体质，增强抗病能力。

黄精山药鸡汤

●材料 鸡腿800克，去皮山药150克，
　　　　红枣、黄精各少许

●调料 盐、鸡粉各1克，料酒10毫升

●做法

① 洗净的山药切滚刀块。

② 沸水锅中倒入洗净切好的鸡腿，加入料酒，汆去血水。

③ 捞出汆好的鸡腿，装盘待用。

④ 另起砂锅注入适量清水，倒入红枣、黄精、汆好的鸡腿。

⑤ 加入料酒，拌匀，加盖，用大火煮开后转小火煮30分钟至食材七八成熟。

⑥ 揭盖，倒入切好的山药，拌匀；加盖，煮20分钟至食材有效成分析出。

⑦ 揭盖，加入适量盐、鸡粉，搅拌均匀，关火后盛出煮好的汤，装入备好的碗中即可。

调理功效

鸡腿中富含蛋白质，可增强人体的免疫力，对中老年人肾病的防治有益；冬季食用，有滋补暖身之效。

扫一扫看视频

皮肤瘙痒

老年性皮肤瘙痒是一种无原发性皮损，多由于老年人皮脂腺机能减退、皮肤干燥等原因引起的。主要表现为剧烈的瘙痒拌抓痕、血痂等，严重影响患者的生活质量。

预防皮肤瘙痒的关键营养素

【维生素A】研究表明，身体如果缺乏维生素A，很容易导致皮肤出现瘙痒、脱皮、干燥、粗糙等症状，这也是皮肤瘙痒的主要因素，尤其是老年人身体抵抗力弱的情况下，更应多吃些红枣、鱼肝油等含维生素A丰富的食物。

【铁】缺锌会导致皮肤瘙痒、发白等症状，一般这种情况多出现在中老年女性身上，患者可以通过饮食改善，如多吃些小米、鱼、肉、海带、虾皮等含铁丰富的食物。

【锰】调查显示，锰元素有滋润护理皮肤的功效，缺乏锰元素，皮肤就会变得干燥、瘙痒，患者应多吃粗粮、豆类、菌类食物补充锰元素。

【锌】锌能够使皮肤保持健康状态，缺锌会使皮肤出现瘙痒、伤口愈合慢的现象，而老年人最为明显，所以老年患者平时要多吃海鲜、瘦肉、豆类等含锌丰富的食物。

【维生素B_2和维生素B_6】B族维生素对调节人体的新陈代谢机能至关重要，尤其是缺乏维生素B_2和维生素B_6会使体内的新陈代谢产生障碍，影响细胞功能，易引发皮炎、痤疮等皮肤问题。含维生素B_6的食物有麦麸、土豆、香蕉等；含维生素B_2的食物有黄豆、酵母、香菇等。

合理膳食，巧防皮肤瘙痒

【多食用清热解毒的食物】中医认为皮肤瘙痒多因外邪侵袭皮肤所致，多与"热"有关，故适宜进食清热凉血的食材，如绿豆、黄瓜、苦瓜、海带、穿山甲等。

【少吃高脂肪食物】这是因为高脂肪食物会增加皮肤上油脂的负担，特别是皮肤表面的毛孔易发生堵塞的现象。

【糖类食物也要少吃】糖分摄入过高会使血糖升高，过多的糖会增加皮肤上细菌的繁殖，刺激皮肤，造成皮肤瘙痒，糖尿病中老年患者尤其注意控糖。

罗勒炖鸡

扫一扫看视频

●材料　鸡腿肉150克，罗勒叶50克
●调料　盐2克

●做法

① 锅中注入适量清水大火烧开，倒入鸡腿肉，余片刻，去除血末，将鸡腿肉捞出，沥干水分，待用。

② 锅中注入适量清水大火烧开。

③ 倒入罗勒叶、鸡腿肉，搅匀。

④ 盖上锅盖，煮开后转中火炖20分钟至熟透。

⑤ 掀开锅盖，加入盐，搅匀调味；关火后将煮好的汤盛出装入碗中即可。

🌿 调理功效

鸡肉含有维生素A、蛋白质等成分，有补脾胃、养颜润肤的作用，可预防老年性皮肤瘙痒。

芦笋萝卜冬菇汤

推荐食谱

- **材料** 去皮白萝卜90克，去皮胡萝卜70克，水发冬菇75克，芦笋85克，排骨200克
- **调料** 盐、鸡粉各2克

- **做法**

①洗净去皮的白萝卜切滚刀块，洗净去皮的胡萝卜切滚刀块。

②洗净的芦笋切段；洗好的冬菇去柄，切块。

③沸水锅中倒入洗净的排骨，氽一会儿至去除血水和脏污，捞出，沥干水分，装盘待用。

④砂锅注水，倒入氽好的排骨，放入白萝卜块，加入胡萝卜块，倒入冬菇块，搅拌均匀。

⑤加盖，用大火煮开后转小火续煮1小时至食材熟软。

⑥揭盖，倒入切好的芦笋，搅匀；加盖，续煮30分钟至食材熟透。

⑦揭盖，加入盐、鸡粉，搅匀调味；关火后盛出煮好的汤，装碗即可。

扫一扫看视频

🥄 调理功效

白萝卜、胡萝卜含水分多，加排骨炖汤，可补充身体所需的营养及水分，预防干燥导致的皮肤瘙痒。

推荐食谱 大麦杂粮饭

●材料 水发大麦100克，水发薏米、水发红豆、水发绿豆、水发小米、水发燕麦各50克

●做法
① 取1个碗，倒入绿豆、燕麦、大麦，加入薏米、红豆、小米，拌匀，注入清水。
② 蒸锅中注入适量的清水烧开，放上杂粮饭。
③ 加盖，大火蒸1小时至食材熟透。
④ 揭盖，关火后取出蒸好的杂粮饭，待凉即可食用。

调理功效
本品含膳食纤维、维生素E及多种矿物质，老年人常食可增强体质，改善皮肤血液循环。

扫一扫看视频

推荐食谱 核桃黑芝麻枸杞豆浆

●材料 枸杞、核桃仁、黑芝麻各15克，水发黄豆50克

●做法
① 把洗好的枸杞、黑芝麻、核桃仁倒入豆浆机中。
② 倒入洗净的黄豆，注入适量清水，至水位线即可。
③ 盖上豆浆机机头，选择"五谷"程序，再选择"开始"键，开始打浆。
④ 待豆浆机运转约15分钟，即成豆浆。
⑤ 将豆浆机断电，取下机头，把煮好的豆浆倒入滤网，滤取豆浆，倒入碗中，用汤匙撇去浮沫即可。

调理功效
核桃仁含有不饱和脂肪酸、维生素E，有润肺补肾、滋养皮肤功能，尤适宜老年人食用。

扫一扫看视频

干眼症

　　大约有一半以上的中年人患有视疲劳，它是不可逆的，而长时间的视疲劳会导致干眼症。如果干眼症不及时治疗，易损伤角膜，导致严重的眼病。

预防干眼症的关键营养素

　　【维生素A】维生素A是维持人体上皮组织正常代谢的主要营养素，能维持眼角膜正常，并有增强在暗光中视物能力的作用。维生素A主要含在动物性食品中如蛋、鱼肝油等食品中。

　　【叶黄素】叶黄素是存在于眼睛组织的重要元素，具有强氧化性，能促进眼睛的微循环，可以显著延长泪膜破裂时间，提高明视持久度，改善干眼症状。叶黄素是维生素A的前体，在体内可以转化为维生素A，主要含在莴苣叶、韭菜、豌豆苗、南瓜、苋菜、紫菜等中。

　　【钙】钙是骨骼的主要构成成分，也是巩膜的主要构成成分。钙的含量较高对增强巩膜的坚韧性起主要作用。食物中牛骨、猪骨、羊骨等动物骨骼含钙丰富，且易被人体吸收。其他如乳类、豆类、虾皮、鸡蛋、上海青、小白菜、花生、红枣等含钙量也较多。

　　【花青素】花青素可以促进眼睛视紫质的生成，稳定眼部的微血管，并增强微血管的循环，能预防干眼症。此外，花青素还是一种强抗氧化剂，可以减少自由基对眼睛的伤害，有助预防白内障。富含花青素的食物有蓝莓、黑莓、樱桃、茄子、红石榴、紫米等。

　　【DHA】眼球中的视网膜和视神经含有丰富的DHA，然而，我们人体无法自行合成这种脂肪酸。适当补充DHA会让视觉更敏锐，让视力更清晰。此外，DHA也是脑部神经元的重要组成成分。富含DHA的食物有深海鱼，素食者可吃亚麻籽、紫苏籽或藻类。

合理膳食，巧防干眼症

　　【多食用清肝明目的食物】清肝明目的食物，如枸杞、决明子、绿茶等，可缓解视疲劳、改善眼睛干涩的症状。

　　【补充优质蛋白质】巩膜作为眼球的坚韧外壳，含有多种必需氨基酸，有一定的坚韧性，但在眼轴前后径部位较弱。动物性食物不仅富含蛋白质，而且含有人体必需氨基酸。

洋葱三文鱼炖饭 推荐食谱

扫一扫看视频

材料　水发大米100克，三文鱼70克，西蓝花95克，洋葱40克
- 调料　料酒4毫升，食用油适量

- 做法
① 洗好的洋葱切小块，洗净的三文鱼肉切丁。
② 洗好的西蓝花切成小朵，备用。
③ 砂锅置于火上，淋入少许食用油烧热，倒入洋葱，炒匀，放入三文鱼，翻炒片刻。
④ 淋入料酒，注入清水，大火煮沸，放入大米，搅匀，烧开后用小火煮约20分钟。
⑤ 倒入西蓝花，拌匀，小火煮约10分钟，盛出即可。

调理功效

西蓝花的维生素A含量丰富，能维持中老年人眼角膜正常，保持角膜的湿润度，预防视力退化。

🌿 调理功效

鸡蛋含有蛋白质、卵磷脂、DNA、钙等对保护视力有益的成分，中老年人可经常食用。

推荐食谱 **木耳枸杞蒸蛋**

- ●材料　鸡蛋2个，木耳1朵，水发枸杞少许
- ●调料　盐2克

●做法

① 洗净的木耳切粗条，改切成块。

② 取1个碗，打入鸡蛋，加入盐，搅散。

③ 倒入适量温水，加入木耳，拌匀。

④ 蒸锅注入适量清水烧开，放上碗。

⑤ 加盖，中火蒸10分钟至熟。

⑥ 揭盖，关火后取出蒸好的鸡蛋，放上枸杞即可。

推荐食谱 **鸡内金鲫鱼汤**

- ●材料　鲫鱼320克，鸡内金、砂仁、姜片、葱段各少许
- ●调料　盐2克，食用油适量

●做法

① 用油起锅，放入处理好的鲫鱼，用小火煎至两面断生。

② 注入适量热水，放入姜片、葱段。

③ 倒入备好的鸡内金、砂仁。

④ 盖上盖子，烧开后用小火煮约15分钟至熟。

⑤ 揭开盖，加入少许盐，拌匀调味，关火后盛出煮好的汤料即可。

🌿 调理功效

鲫鱼含有蛋白质和维生素A，对提高中老年人的免疫力，预防视力减退有利。

推荐食谱 莴笋筒骨汤

●材料　去皮莴笋200克，筒骨500克，黄芪、枸杞、麦冬各30克，姜片少许

●调料　盐、鸡粉各1克

●做法

①莴笋切滚刀块。

②水锅中放入洗净的筒骨，氽约2分钟，捞出氽好的筒骨，沥干水分，装盘待用。

③砂锅中注水烧热，放入氽好的筒骨，倒入麦冬，加入黄芪，放入姜片，搅拌均匀。

④加盖，用大火煮开后转小火续煮2小时至汤水入味；揭盖，倒入切好的莴笋，搅匀。

⑤加盖，续煮20分钟至莴笋熟软；揭盖，放入洗净的枸杞。

⑥将食材搅匀，稍煮片刻，加入盐、鸡粉，搅匀调味。

⑦稍煮片刻，盛出莴笋筒骨汤即可。

扫一扫看视频

🌿 调理功效

莴笋富含胆碱、维生素A、胡萝卜素、钾等营养成分，对中老年人眼组织器官及心血管均有保护作用。

痛风

痛风是由于嘌呤代谢紊乱导致血尿酸增加而引起组织损伤的疾病。在任何年龄均可发生，但最常见于40岁以上的中老年男性。

预防痛风的关键营养素

【维生素C】研究表明，维生素C摄入量与血液尿酸水平成反比，维生素C日摄入量达到1500～2000毫克对预防痛风效果更佳。每日多吃富含维生素C的食物，如猕猴桃、草莓、柑橘、樱桃、西红柿、芹菜、苋菜、芥蓝等，可满足维生素C的摄入量。

【维生素E】维生素E在痛风治疗上扮演着重要角色。维生素E缺乏时，细胞核容易被氧化而受损，形成过多的尿酸。故缺乏维生素E的患者，抗氧化能力下降，血中尿酸也会升高，只有补充维生素E，血尿酸才可能恢复正常。富含维生素E的食物有植物油、坚果类、绿叶蔬菜、未精制的谷类制品和蛋类。

【水】水参与人体的体液循环，除满足机体需要外，会形成尿液将体内多余的物质带出体外。多喝水，摄入量维持在2000毫升/天以上，最好达到3000毫升/天，以保证尿量，促进尿酸的排出，但痛风伴肾功能不全的患者补水应适量。

合理膳食，巧降尿酸

【限制嘌呤摄入量】正常人嘌呤摄入量每日可达150～200毫克，痛风患者急性期每日摄入量不宜超过100～150毫克，以免外源性嘌呤含量的过多摄入。可以用牛奶、鸡蛋作为饮食中主要的优质蛋白质来源。

【平时以碱性食物为主】碱性食物是痛风病人的主要食用对象，大部分的蔬菜水果几乎不含有任何嘌呤成分，且其中的碱性成分能促使尿酸盐结晶的溶解，对痛风病人身体恢复有较大的帮助。

【禁酒】酒精在体内会代谢为乳酸，进而影响肾脏的排泄功能，同时酒精本身会促进ATP的分解产生尿酸，尤其是啤酒最容易导致痛风发作，应绝对禁止。

素拌芹菜

- 材料　芹菜梗150克
- 调料　鸡粉、盐、白糖各2克，芝麻油适量

- 做法
① 处理好的芹菜切成长段，待用。
② 备好1个容器，放入芹菜，注入温水，盖上盖。
③ 备好微波炉，打开炉门，将食材放进去。
④ 关上炉门，选定"启动"键，定时加热2分钟。
⑤ 待时间到打开炉门，将食材取出。
⑥ 将容器里的水沥干，再捞出食材，装入盘中。
⑦ 加入鸡粉、盐、芝麻油、白糖，拌匀，盛盘即可。

调理功效

芹菜中不含嘌呤，富含维生素和矿物质，有清热利水、减肥通便之效，适合痛风患者食用。

扫一扫看视频

🌱 调理功效

中老年人适量食用海带，能提高机体的免疫力，加快代谢，预防痛风、便秘等病的发生。

推荐食谱 **海带丝山药荞麦面**

●材料　荞麦面140克，山药75克，水发海带丝30克，日式面汤400毫升

●做法

①将去皮洗净的山药切开，再切条形，改切成段，备用。

②锅中注水烧开，放入荞麦面，拌匀，用中火煮约4分钟，至面条熟透。

③关火后捞出煮熟的材料，沥干水分，待用。

④另起锅，注入日式面汤，用大火煮沸，放入海带丝、山药，煮约4分钟，制成汤料，待用。

⑤取1个汤碗，放入煮熟的面条，再盛入锅中的汤料即成。

扫一扫看视频

🌱 调理功效

猕猴桃号称"维生素C大王"，可补充中老年人日常所需，增强免疫力，减少痛风。

推荐食谱 **猕猴桃雪梨汁**

●材料　猕猴桃块180克，雪梨块250克

●调料　白糖2克

●做法

①取榨汁机，倒入备好的猕猴桃块、雪梨块。

②加入白糖。

③注入适量清水。

④选择"榨汁"功能，开始榨汁。

⑤榨约30秒，即成果汁。

⑥断电后取下量杯。

⑦将榨好的果汁倒入杯中即可。